肉羊养殖环境质量控制技术

邱时秀　岳双明　杨世忠◎主编

四川科学技术出版社

·成都·

图书在版编目(CIP)数据

肉羊养殖环境质量控制技术 / 邱时秀，岳双明，杨世忠主编. -- 成都 ：四川科学技术出版社，2022.12
ISBN 978-7-5727-0750-6
Ⅰ.①肉… Ⅱ.①邱… ②岳… ③杨… Ⅲ.①肉用羊-养殖场-环境质量评价 Ⅳ.①S851.2

中国版本图书馆 CIP 数据核字(2022)第 209228 号

肉羊养殖环境质量控制技术

主　　编　邱时秀　岳双明　杨世忠

出 品 人　程佳月
责任编辑　刘涌泉
责任校对　陈　琴
封面设计　景秀文化
责任出版　欧晓春
出版发行　四川科学技术出版社
成都市锦江区三色路 238 号　邮政编码 610023
官方微博：http://e.weibo.com/sckjcbs
官方微信公众号：sckjcbs
传真：028-86361756
成品尺寸　145mm×210mm
印张 6.5　字数 140 千　插页 1
印　　刷　四川科德彩色数码科技有限公司
版　　次　2022 年 12 月第一版
印　　次　2022 年 12 月第一次印刷
定　　价　58.00 元

ISBN 978-7-5727-0750-6

邮　　购：成都市锦江区三色路 238 号新华之星 A 座 25 层　邮政编码：610023
电　　话：028-86361758

编委会

主　编　邱时秀　岳双明　杨世忠

副主编　许祯莹　俄木曲者　李　强　许　锋

参编人员（排名不分先后）

王晨轩　周明亮　吴永胜　魏　勇

齐桂兰　张　林　杨舒慧　季　扬

陈第诗　周爱民　史海涛　杜建国

王莉娟　陈　益　安拉扎　张晓晖

曾　洁　曹雨辰　赵　超　阿则晓龙

徐　媛　刘小琬

序　言

在国家实施乡村振兴、农业供给侧结构性改革和生态文明建设等重大战略决策背景下，我国畜牧业进入高质量发展阶段，设施化、智慧化的集约型畜禽生产得到了迅速发展，尤其是设施养殖业发展备受关注。但我国肉羊养殖仍存在养殖工艺有待改进，肉羊生产工艺技术参数及对羊舍工程技术参数缺乏深入研究和统一的规范，设施设备不配套和环境保护重视程度不够，畜牧技术人员在羊场规划设计、养殖环境质量控制时常常出现与生产实际和羊的生物学特性不相符等问题，制约了产业高质量发展和效益提升。

为此，本书在总结编者近期科研成果和查阅国内外研究数据的基础上，从肉羊养殖生产工艺、羊场建设、羊场设施设备、羊场环境质量控制、羊舍环境质量控制、肉羊饲养管理与质量控制、羊场废弃物处理、种养结合八个方面，作了系统的梳理与研究，囊括了相应技术参数和理论依据，旨在为羊场规划设计、环境质量控制以及设施养羊提供技术参考。

编者

2022 年 6 月

目　录

第一章　肉羊养殖生产工艺

肉羊养殖生产工艺，主要是根据饲养规模和养殖场情况制定相应方案，包括饲养方式、繁殖计划、综合防疫、废弃物处理等。本章主要阐述规模化羊场生产工艺要求。

第一节　规模化羊场生产工艺技术参数

羊为季节性多周期发情动物，一般来说，光照时间的缩短可促进羊发情。绵羊多在秋季发情，春季产羔，在人工培育和干预下，有些品种可全年发情；山羊发情的季节性不如绵羊明显。绵羊的发情周期 14 ~ 19 d，山羊 16 ~ 26 d，平均持续周期 30 h。羊的妊娠期一般为 144 ~ 155 d，其中绵羊 146 ~ 157 d（平均 150 d），山羊 142 ~ 161 d（平均 152 d），多为单羔或双羔，但也有个别品种一胎产 3 ~ 5 羔，一年 2 胎或两年 3 胎。羊的生长期短，5 ~ 8 月龄即可达到性成熟，可利用年限为 7 ~ 9 年。规模化羊场生产工艺技术参数见表 1 − 1。

表1-1　规模化羊场生产工艺技术参数

名称	参数	名称	参数
初配月龄	公羊≥12月龄，母羊8~10月龄	年平均产羔/只	2.10~2.30
母羊发情期/d	绵羊14~19，山羊16~26	哺乳期成活率/%	90
妊娠期/d	绵羊146~157，山羊142~161	肉羊出栏重/kg	绵羊35~60 山羊25~40
哺乳期/d	绵阳90 山羊60	公母比（人工授精）	1：100~500
育肥期/d	90~180	母羊更新率/%	15~20
断奶至受胎/d	17~34	情期受胎率/%	90
年产/胎次	1.50		

第二节　规模化羊场生产工艺流程

一、生产工艺流程

现阶段规模化养羊多采用“六阶段、三自由、两计划”生产工艺流程，即按羊群不同生产阶段有针对性地进行饲养管理，划分为空怀期、配种妊娠期、分娩哺乳期、育成前期、育成后期和育肥期六阶段；实现自由饮水、自由运动和羔羊自由采食；实行计划配种、计划免疫。规模化羊场生产工艺流程见图1-1。

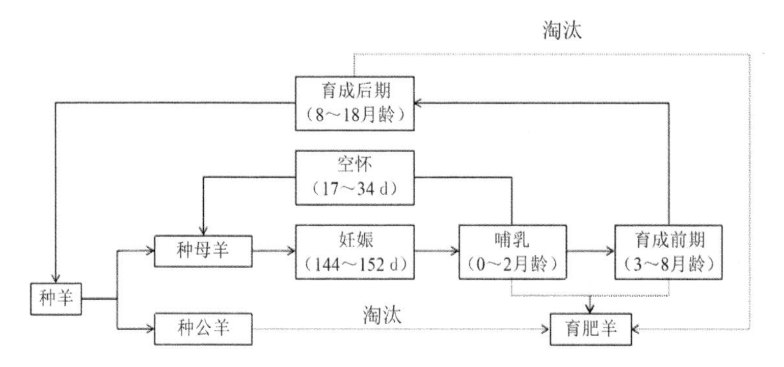

图 1－1　规模化羊场生产工艺流程

二、种公羊

种公羊是指可供配种用的公羊。种公羊一般单栏饲养，单独组群，舍饲为主。种公羊每天都应有 1 ~2 h 的适当运动，保持中上等膘情。青年种公羊每天可配种 1 ~2 次，成年种公羊每天可配种 3 ~4 次，每周休息 1 ~2 d，需定期检测精液质量。后备公羊应进行配种能力鉴定和调教。

三、种母羊

种母羊是体重达到成年羊 70% 左右，可参加配种的母羊。种母羊需饲喂营养均衡的饲料，并提供充足、卫生、干净的饮水，适量运动，对妊娠期的种母羊还要保持环境安静，控制羊群密度，避免拥挤、暴力驱赶和惊吓，以防止流产或早产。种母羊的饲养包括空怀期、配种妊娠期和分娩哺乳期三个阶段。

（一）空怀期

空怀期是指从羊羔断奶开始到母羊再次接受配种受胎前的时间。

空怀期母羊饲养管理目标是保证良好体况，保障正常发情、排卵和受孕。因此，营养条件的好坏决定种母羊能否正常发情和受孕。可在配种前 4 ~6 周给予短期优饲，适当补饲优质干草和精饲料，提高日粮蛋白质和能量水平，保证种母羊获得足够的营养，保持良好体况，保证种母羊的受胎率和羔羊成活率。补饲量可根据种母羊体况具体确定，每只每天可补给精饲料 0. 2 ~0. 3 kg。

（二）配种妊娠期

此阶段的待配母羊，育成羊体重需达到成年羊体重的 70%。配种约需 1 周，妊娠期约 21 周，母羊分娩前 1 周进入产羔舍待产。

母羊可采用诱导发情技术。在母羊发情期内，借助生理调控技术诱导发情并配种，以缩短母羊繁殖周期，变季节性配种为全年配种，实现密频繁殖和集中产羔。如果羊场规模较大，空怀母羊应采取同期发情进行分批配种，可根据情况分成 3 ~5 批。完成配种后，转入妊娠羊舍，继续观察 1 ~2 个情期，确定怀孕后（可用公羊试情或妊娠诊断仪进行判断是否怀孕），将配种失败的母羊挑出参加下批配种。

妊娠前期（前 3 个月），营养需要与配种期母羊基本相同或略高；妊娠后期（4 ~5 个月），营养供应在妊娠前期的基础上逐步增加 30% ~50%，其中钙、磷含量增加 40% ~50%，并添加足量的维生素 A、维生素 D 和维生素 E。

（三）分娩哺乳期

在分娩哺乳期将完成分娩和初生羔羊的哺乳。临产母羊需做好分娩及产房准备，同一周配种成功的母羊，以预产期最早的为准，提前一周成批进入产羔舍。母羊产羔后 1 ~2 h，可饮温水、温盐水或麸皮汤，清洁乳房、阴户。母羊胎衣排出后立即取走，若产后 6 h 胎衣不下，需进行治疗。

羔羊一般 2 月龄左右断奶。母羊与羔羊在产房饲养 7 d，然后转入哺乳羊舍饲养。哺乳羊舍设有羔羊补饲栏，只允许羔羊自由通过、采食。羔羊 7 日龄开始补饲，应饲喂优质配合饲料或颗粒料以及优质干草，随着日龄增加和体重增长，不断增加饲喂量直至断奶。如果采取早期断奶，羔羊哺乳期可以缩短为 15 ~30 d，母羊可提前进入下一个繁殖周期，但这对羔羊断奶养殖技术要求较高。

哺乳母羊分娩后 1 ~3 d 宜少喂精饲料，之后应逐渐提高营养水平和饲料供应量，增加蛋白质、矿物质和青绿饲料喂量。羔羊断奶前 7 d，应提前减少母羊多汁料和精饲料饲喂量。哺乳母羊要经常检查乳房有无硬块、闭塞、化脓等，发现炎症应及时治疗。

四、育成羊

育成羊的饲养阶段指断奶后到选留种用的公、母羊（6 ~18 月龄），分为育成前期和育成后期。育成期羊只正处于快速发育期，对营养的需求水平高，以精饲料为主、优质青干草为辅，注意补充维生素和微量元素。可饲喂块根块茎类饲料，但注意饲喂时需切片，少喂勤添。

（一）育成前期

育成前期是指断奶后到第一次配种前的公、母羊，一般为 3 ~8 月龄。当羔羊 1.5 ~2 月龄后根据体重和发育情况分批断奶，分批转入育成羊舍，母羊回到待配母羊舍进入下一个繁殖周期，断奶羔羊应及时分群，公母羔羊分栏饲养。在断奶初期羔羊可能出现断奶应激反应，可在饮水中添加电解多维，提高羔羊抗应激能力，还可以添加黄芪多糖来提高羔羊抗病力，帮助羔羊顺利度过断奶前期。羔羊断奶分群后需进行疫苗注射和驱虫，驱虫药添加和疫苗注射须有间隔期，一般在 10 d 以上。留作繁殖用的羔羊饲养至 8 ~ 10 月龄，体重达成年母羊体重 70% 以上时转入待配羊舍，准备初配。

（二）育成后期

从育成羊中选留种用的公、母羊，即后备羊，为 8 ~ 18 月龄（1.5 岁），这段时间为育成后期阶段。后备羊须在 6 月龄、12 月龄和 18 月龄进行体型外貌鉴定，淘汰发育不良、达不到品种标准的羊。初配前后备羊的选留量以现有能繁母羊总数的 30% 左右为宜（实行 3 年循环制）。

五、育肥羊

大部分公羔及不留作繁殖用的母羔都转入育肥舍或其他专业化育肥场，根据断奶体重分群饲养，按育肥羊的饲养管理要求饲养 90 ~ 180 d，出栏体重达 25 ~ 60 kg 为宜，即可上市出售。

通过以上六个阶段的饲养，可以形成工厂化饲养的体系，实现母羊配种、分娩、哺乳、羔羊断奶、育成羊及后备羊饲养、育肥羊出售周转循环，保证种群稳定。

第三节　规模化羊场生产规划设计

一个规模化羊场生产从建设开始就需要有严格的规划与设计，按工艺流程确定各阶段生产计划并安排生产，安排配种妊娠羊舍、产羔舍、育成羊舍和育肥羊舍各阶段养殖容量等，实现场内羊群的周转、建筑及人员的合理利用。不同规模基础母羊养殖场羊群存栏数见表1－2。

表1－2　不同规模基础母羊养殖场羊群存栏数

单位：只

序号	名称	基础母羊存栏数				备注
		100	200	500	1 000	
1	种公羊	1～3	2～6	3～10	5～20	
2	后备公羊	0～1	0～2	1～3	2～7	
3	后备母羊	21	42	106	211	
4	空怀母羊	16	32	79	158	
5	妊娠母羊	55	110	275	550	
6	哺乳母羊	29	58	146	292	
7	哺乳羔羊	42	84	209	419	
8	育成羊	11	22	56	111	
9	育肥羊	37	74	183	365	
10	年出栏羊	222	444	1 110	2 220	育肥羊＋淘汰

注：该表所列存栏规模为理想模式，如以此表作为规模化羊场生产规划依据，可在此基础上留15%～25%的余地。

第二章　羊场建设

第一节　羊场选址

羊场及羊舍是进行肉羊养殖的重要场所。羊场选址是否科学合理，羊舍建设布局是否满足饲养管理要求，对提高羊的生产性能和养殖效益具有至关重要的影响。

一、自然条件因素

（一）地形地势

羊场建设应选择地势高燥、平坦及排水良好、背风向阳和通风处。环境潮湿对羊的生长、繁殖、疫病防控不利，因此，羊舍建造应避开低洼潮湿的场地，远离沼泽地。地下水位应在2 m以下，地势有一定坡度利于排水，倾斜度以1% ~3% 为宜，但建筑区坡度一般不超过2. 5% 。还要注意地质构造情况，避开断层、滑坡、塌方的地段以及坡底、谷底和风口，以免受山洪和暴风雨雪的袭击。场地应开阔整齐，并有足够的面积，要避免选择过于狭长或边角太多的场地。肉羊养殖场地形地势选址要求见表2 -1。

表2-1 肉羊养殖场地形地势选址要求

地形地势	选址要求	参数要求
平原地区	较开阔平坦，地下水位低。场址应注意选择在较周围地势稍高的地方	地下水以低于建筑物地基深度2 m以下
靠近河流、湖泊地区	地势要高，防止涨水时被淹	高于当地水文资料记载最高水位1~2 m
山区	场地应开阔整齐，选择在稍平的缓坡上，坡面背风向阳，避开断层、滑坡、塌方的地段以及坡底、谷底和风口，以免受山洪和暴风雨雪的袭击	总坡度不超过25%，建筑区坡度应小于2.5%

（二）水源水质

羊场建设应选择水源供应充足、清洁无污染、上游地区无严重排污厂矿和寄生虫污染危害区域，符合《无公害食品畜禽饮用水水质》（NY 5027）标准，能满足人畜饮用和建筑施工标准。建设前期需对场区附近水源情况进行调查，以便计算拟建场地地段范围内的水资源、供水能力，评估能否满足羊场生产、生活、消防等用水要求。主要调查地表水（河流、湖泊）的流量、汛期水位；地下水的初见水位和最高水位，含水层的层次、厚度和流向；酸碱度、硬度、透明度，有无污染源和有害化学物质等水质情况。若在仅有地下水源地区建场，应先勘查地下水情况，包括水源位置、出水量、水质情况等。

（三）土质土壤

建设羊舍需对施工地段土质情况进行调查研究，主要是收集建设地地质勘测资料和地层构造状况，如断层、塌方和地下泥沼地层。土壤的承载力、透气性、吸湿性、毛细管特性及土壤化学成分等不仅影响羊场的空气、水质、地上植被和建筑修建等，还影响土壤的净化作用。由于沙壤土兼具沙土和黏土的优点，透气透水性强、毛细作用弱、吸湿性和导热性小、质地均匀、抗压性强、膨胀性小，因而土壤质地良好的沙壤土最适合场区建设。但在一些客观条件限制的地方，选择理想的土壤条件很不容易，需要在规划设计、施工建造和日常使用管理上，设法弥补土壤缺陷。

（四）气候气象

这里的气候气象主要指拟建地区气候气象条件，包括平均气温、绝对最高（低）温、土壤冻层、降水/雪量、最大风力与主导风向、日照情况等。

二、社会环境因素

（一）土地征用

羊场选址应符合《中华人民共和国畜牧法》、当地土地利用规划、村镇建设规划、畜禽养殖禁养区划定方案等法律法规和相关行业规划；场址选择应满足动物防疫条件，在当地县级以上畜牧兽医部门登记备案。禁止在饮用水水源保护地、风景名胜区、自然保护区、环境污染严重地区、家畜疫病频发地区及谷底、洼地等易受到灾害天气威胁的地区建场。坚持合理利用土地原则，不得占用基本农田，尽量利用荒地和劣地建场。

（二）地理位置

羊场场址的选择，必须遵守社会公共卫生准则，使羊场不致成为周围社会的污染源，同时也要注意不受周围环境所污染，应满足《畜禽场场区设计技术规范》（NY/T 682）的规定。因此，羊场位置应选在居民点的下风处或侧风向处，地势低于居民点，避开居民点污水排出口；不宜在化工厂、屠宰场、制革厂等容易造成环境污染企业的下风处或附近；距离其他养殖场、畜产品加工厂、大型工厂等1 000 m以上。羊场与居民点之间应保持适当的生物安全间距，中等规模的羊场不小于500 m，大型羊场应不小于1 000 m。与其他养殖场间距一般不小于300 m。

场址选择还应考虑饲草料就近供应，尽可能接近饲料产地和加工地，确保合理的运输半径，避免因大量饲草料长途运输而提高饲料成本，一般供应半径在5 000 m范围内为宜。羊场饲草料、粪污运输量大，应保证交通方便，但交通干线又往往是疾病传播的途径，因此选择场址时既要考虑交通方便，又要与交通干线保持适当的距离。一般来说，羊场距一二级公路和铁路不小于300 m，距三级公路不小于100 m，距四级公路不小于60 m，并修建专用道路与主要公路相连。

（三）水电供应

羊场选址应水源充足，满足人畜饮水、消毒、消防等需要，统一考虑羊场的给排水。如拟建场区附近有供水系统可尽量引用，但考虑防疫与成本，羊场一般采用深层地下水作为水源。

羊场生产、生活用电要求有可靠的供电条件，因此选择场址时，还应重视供电和通信条件，特别是集约化程度较高的羊场，必须具备可靠的电力供应和畅通的通信设施。

（四）生物安全

场址需满足卫生防疫和生物安全要求，场内应具备养殖废弃物无害化处理场地。同时，羊场周围应配套足够的农田、苗圃、果园等用以消纳粪污，从而更好地实现“种养结合”的生态养殖之路。

第二节 场地规划与建筑布局

场址选定后需对羊场功能布局进行科学规划设计。场内圈舍应统一规划、合理布局、有序排列，有利于养殖生产、疾病防控和废弃物处理等，通常包括生活管理区、辅助生产区、生产区、隔离区、粪污处理区等。依据羊舍功能、卫生防疫、建设标准和主导风向等，安排每栋羊舍位置，确定每栋羊舍间距、山墙间距和围墙间距。羊舍面积、数量和布置方案，对羊场的总体平面设计起决定性作用。

一、规划布局原则

（1）根据羊场的生产工艺流程要求，结合当地条件、地形、地势及周边环境特点，做好功能区的划分，为羊场生产创造合理的环境。

（2）充分利用场区原有的自然地形地势，建筑物长轴尽可能顺场区的等高线布置，可减少土方工程量和基础设施费用，最大限度减少基础建设费用。

（3）合理布局各类建筑物，规划场内、外的人流和物流，充分考虑羊群生活环境是否有利于它生长，创造最有利的环境条件和低劳动强度的生产联系，实现高效生产。

（4）保证建筑物具有良好的朝向，满足采光和自然通风条件，并有足够的防火和生物防控间距。

（5）对于羊场粪尿、污水及其他废弃物的无害化处理和资源化利用，需要充分考虑选择适宜的粪污处理方案，以达到《畜禽养殖业污染物排放标准》（GB 18596）的要求。

（6）在满足生产要求的条件下，建筑物布局应紧凑，以节约用地。在满足当前使用功能的同时，充分考虑今后的发展，留有余地。

（7）办公室、住房等生活区的位置，要求地势较高、上风或侧风方向、排水良好。生产区圈舍应位于养殖场核心区，距生活区 50 m 以上。每栋羊舍可设生产管理房，每栋圈舍保持合理间距。羊场功能分区见图 2－1。

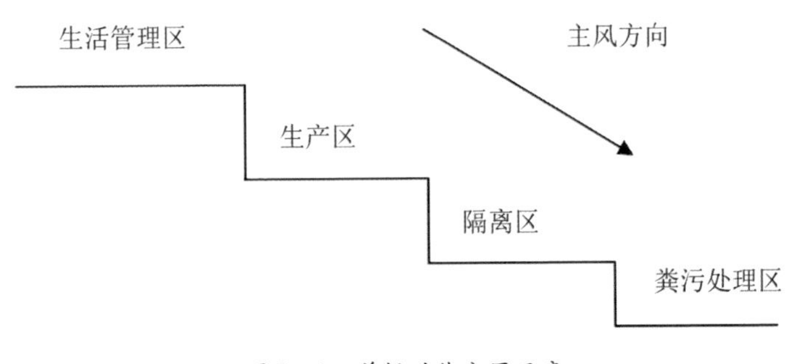

图 2－1　羊场功能分区示意

二、场区功能划分

根据肉羊养殖生产要求，按功能区布置各个建筑物的位置，为肉羊提供一个良好的生产环境。参照《畜禽场场区设计技术规范》（NY/T 682），羊场场区划分为生活管理区、辅助生产区、生产区、隔离区和粪污处理区。

（一）生活管理区

肉羊养殖场的生活管理区主要布置管理人员办公用房、技术人员业务用房、职工生活用房、人员和车辆消毒设施及门卫、大门和场区围墙等。生活管理区一般应位于场区全年主导风向的上风或侧风处，并且紧邻场区大门内侧集中布置。大门应位于场区主干道与场外道路连接处，门前设车辆消毒池，一侧设置门卫和消毒通道，使得外来人员或车辆进场前做强制性消毒。

（二）辅助生产区

辅助生产区主要布置供水、供电、供热、设备维修、物资仓库、饲料贮存加工等设施设备，应靠近生产区的负荷中心布置。

（三）生产区

生产区主要布置各种类型羊舍、人工授精室、装车台等。生产区与其他区之间应用围墙或绿化隔离带严格分开。在生产区入口处设人员更衣消毒室和车辆消毒设施，并应设置两个出入口，分别与生活管理区和生产区相通。青贮类、干草类、块根块茎类饲料或垫草等大宗物料的贮存场地应按照贮用合一的原则，布置在靠近羊舍的边缘地带，并且要求排水良好，便于机械化作业，符合防火要求。精饲料库房的进料口宜开在辅助生产区内，精饲料库房出料口宜开在生产区内，避免生产区内、外运料车交叉使用。

各类型羊舍包括种公羊舍、母羊舍、分娩羊舍、羔羊舍、育成羊舍、育肥羊舍等。不同类型的羊采取不同的饲养方式分开饲养，也可同一栋羊舍采用不同生产阶段分栏饲养，尽量采用封闭式进行饲养，也可根据当地条件采用开放、半开放形式进行饲养。不同大小的羊，喂羊的饲料、水槽的高度、料水量等均需根据羊的品种和饲养阶段进行设置。在土地供应充足的地方，羊舍可以考虑设置配套运动场，运动场周围设置 1.2 ~ 1.5 m 高的围墙或围栏，在运动场外面种植树木。

（四）隔离区

隔离区主要布置兽医室、隔离舍等，应处于场区全年主导风向的下风向处，场区间距应满足兽医卫生防疫要求，与绿化隔离带、粪污处理设施及其他设施也须有适当的卫生防疫间距。隔离区与生产区有专用道路相连，与场外有专用大门相通。

（五）粪污处理区

羊场应建有粪污处理区，位于养殖场生产区、生活管理区、辅助生产区、隔离区主导风向的下风向和地势最低处，满足兽医卫生防疫要求，保持适宜的卫生安全间距，可建造防疫隔离绿化屏障，与生产区有专用道路相连，与场外有专用大门和道路相通，方便粪污运输。

规模羊场功能布局见图 2－2。

图 2－2　规模羊场功能布局

三、羊舍类型

（一）按畜栏排列数分类

我国目前养羊生产中普遍采用的建筑形式按畜栏排列数和饲槽排列数分为单列式、双列式或多列式羊舍，实用性强、利用率高、建设方便。单列式布置使场区的净、污道分工明确，但道路和工程管网线路较长，适合农户散养或场地狭长的场地，一边为饲喂通道和饲槽，一边为羊圈，舍外连接运动场。双列式是经济实用的布置方式，既能保证场区净、污道分工明确，又能缩短道路和工程管线的长度，适合于规模化养羊。依据饲喂通道的位置，可分为对头式和对尾式，两侧外连接运动场。多列式适用于大型养羊场的大跨度羊舍，但应避免因线路交叉而引起的相互污染。在牧区，舍内部结构可简单一些，但须有补饲槽和饮水设施；在农区和半农半牧区，须有饲槽、饲喂通道和饮水设施。肉羊养殖场建筑排列布置模式见图 2 - 3。

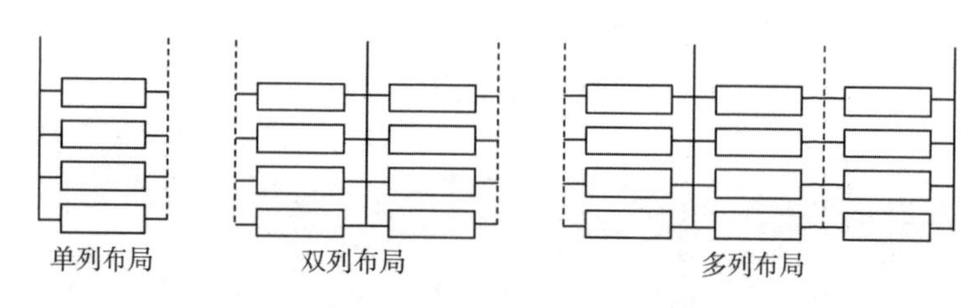

图 2 - 3　肉羊养殖场建筑排列布置模式

（二）按羊舍围护结构封闭程度分类

根据羊舍四面墙壁的封闭程度，可划分为封闭式舍、半开放式舍和开放式舍等类型。封闭式舍四面墙壁完整，有较好的保温性能，适合于较寒冷的地区；半开放式舍三面有墙，一面无墙或四面只有半截墙，通风采光好，但保温性能差，适合于较温暖的地区，也可冬季使用篷布等对周围墙面进行遮挡对羊舍进行保温；开放式舍只有屋顶而没有墙壁，只能防雨和太阳辐射，适合于我国南方常年温暖地区。

（三）按羊舍屋顶形式分类

根据羊舍屋顶的形式，可分为单坡式、双坡式、圆拱式和钟楼式等类型。单坡式羊舍跨度小，自然采光好，投资少，适合小规模养羊；双坡式羊舍跨度大，有较大的设施安装空间，是规模化羊场常采用的一种类型，但造价也相对较高；钟楼式羊舍是在双坡式屋顶上增设了双侧或单侧天窗的屋顶形式。在寒冷地区还可选用圆拱式，在炎热地区选用钟楼式。

（四）按圈底分类

按圈底的形式，可分为垫圈式、漏缝地板式等，见图2－4、图2－5。

图2－4　垫圈式羊舍

图 2－5　漏缝地板式羊舍

四、羊舍朝向

羊舍朝向选择与当地地理纬度、地段环境、局部气候特征及建筑用地条件等因素有关。适宜的朝向，一方面可合理地利用太阳能辐射，避免夏季过多的热量进入舍内，而冬季又可最大限度地利用太阳能辐射进入舍内增加舍温；另一方面可以合理利用主导风向，改善通风条件，以获得良好的舍内环境。

光照是促进家畜正常生长、发育、繁殖等不可缺少的环境因子。自然光照的合理利用，不仅可以改善舍内光温环境，还可起到很好的杀菌作用，有利于舍内小气候环境的净化。我国处于北纬 20°~50°，太阳高度角冬季小、夏季大，夏季盛行东南风，冬季盛行西北风，为确保冬季舍内获得较多的太阳辐射热，防止夏季太阳过度照射，羊舍朝向以长轴南向，或南偏东或偏西 15°左右为宜。

羊舍布置与场区所处地区的主导风向关系密切。主导风向直接影响冬季羊舍的热量损耗、夏季舍内和场区的通风。从舍内通风效果看，风向入射角（羊舍墙面法线与主导风向的夹角）为0°时，舍内与窗间墙正对这段空气流速较低，有害空气不易排除；风向入射角为30°～60°时，旋涡风区面积减少，可改善舍内气流分布的均匀性，提高通风效果。从整个场区通风效果看，风向入射角为0°时，羊舍背风面的旋涡风区较大，不易排出；风向入射角为30°～60°时，有害气体能顺利排出。冬季主导风向对羊舍迎风面所造成的压力，使寒气通过墙体细孔不断由外向内渗透，从而造成羊舍温度下降、湿度增加。因此，在羊舍设计建造确定适宜朝向时，应根据本地风向频率，结合防寒、防暑，宜选择羊舍纵墙与冬季主风向平行或成0°～45°的朝向，这样冷风渗透量减少，有利于保温。在寒冷的北方地区，冬春季的风多偏西、偏北，因此，在生产实践中羊舍以南向为宜。

五、羊舍间距

规模羊场生产区内各类羊舍之间均应具有一定的防疫间距。但若间距过大，则会占地过多、浪费土地，增加道路、管线等基础设施投资，管理也不方便；若间距过小，会加大各舍间的干扰，对羊舍采光、通风防疫等都不利。

适宜的羊舍间距应根据采光、防疫、消防和通风等方面综合考虑。假设室外地坪到羊舍檐口垂直高度为H（m），羊舍要求间距S（m），则：

（1）按照采光要求。在我国，采光间距应根据当地的纬度、日照要求以及相邻羊舍的日照遮挡情况及羊舍檐口垂直高度（H）求得。参照民用建筑的采光间距标准，纬度越高的地区，系数取值越大。即：

$$S=(1.5\sim2)H$$

（2）按照防疫要求。养殖生产伴随气体排放，可能通过通风气流影响相邻羊舍，应杜绝或尽量减少不同羊舍之间疾病相互传染的可能性。按规定开放式羊舍间距 $5H$、封闭式羊舍 $3H$ 的间距即可满足防疫的要求。即：

$$S=(3\sim5)H$$

（3）按照消防要求。防火间距没有专门针对农业建筑的防火规范，但现代样式的建筑大多采用砖混结构、钢筋混凝土结构和新型建材围护结构，其耐火等级在二级至三级。所以，可以参照民用建筑的标准设置，耐火等级为三级和四级的民用建筑最小防火间距是 8～12 m，那么，羊舍间距如在（3～5）H，可以满足防火要求。即：

$$S=(3\sim5)H$$

（4）按照通风要求。羊舍间距要根据羊舍通风换气效果而定，以利于改善舍内环境，有效降低肉羊生产带来的污秽气体、粉尘和毛屑等有害物质影响。一般舍内通风换气需要借助于自然通风，利用主导风向与羊舍长轴所形成的一定角度，可获得较好的排污效果，同时羊舍间距也是一个重要因素，一般采用 $2H$ 的间距即可达到通风换气的需要。即：

$$S=2H$$

综合以上四项要求可知，正常情况下，羊舍间距（S）与羊舍檐口垂直高度（H）的关系为：

$$S=(3\sim5)H$$

通常情况下，羊舍间距的设计可以参考表2-2。

表2-2 羊舍间距

单位：m

类别	同类型舍	不同类型舍
羊场	8~15	10~20

六、羊舍建筑基本要求

羊舍可采用单列式或双列式布局，要有足够的面积和高度，以舍饲为主时配套足够的运动场地。羊舍高度一般为2.5 m，羊舍面积以保持舍内空气新鲜、干燥，保证冬春防寒保暖和夏季防暑降温为原则。每只羊所需面积为0.5~2 m^2，运动场的面积为羊栏位面积的1~2.5倍。若圈舍设计每只羊所占面积较大或是大栏位时，可适当降低运动场面积。

羊舍门窗、地面及通风设施，既要有利于保持舍内干燥、保温、防暑、采光和排出舍内有害气体，又要便于饲养操作。大群饲养时一般舍门宽度2~3 m，窗户面积一般为地面面积的1/15，下沿离地高度1.5 m以上。各类羊只羊舍所需面积见表2-3。

表2-3 各类羊只羊舍所需面积

单位：m^2/只

类别	面积	类别	面积
春季产羔母羊	1.1~1.6	育成公羊	0.7~0.9
冬季产羔母羊	1.4~2.0	1岁育成母羊	0.7~0.8
群养公羊	1.8~2.25	育肥羊	0.6~0.8
种公羊（独栏）	4.0~6.0	3~4个月羔羊	0.3~0.4

第三节　标准化圈舍建设方案

根据各地养羊圈舍修建实际情况，编者针对农区和牧区分别研究设计出肉羊标准化规模养殖圈舍建设方案，包括舍内平面布局、羊舍剖面结构、羊床地面结构、圈栏结构、清粪系统等，供广大养羊户参考选用。

一、农区标准化规模羊场圈舍建设

农区肉羊标准化规模羊场圈舍建议采用钢架结构（也可采用砖混结构），外墙用空心砖修建的“二四墙”，隔墙采用“一二墙”，屋面为双面彩钢夹芯板，夹芯板厚度以 8 ~ 10 cm 为宜；每栋圈舍前段均设生产管理房，圈舍间距 8 m，配套粪污处理等基础设施；场区长度 200 m，宽度 120 m 较为适宜，可存栏 1 000 只能繁母羊，自繁自养。农区标准化规模羊场总平面布局见图 2 -6。

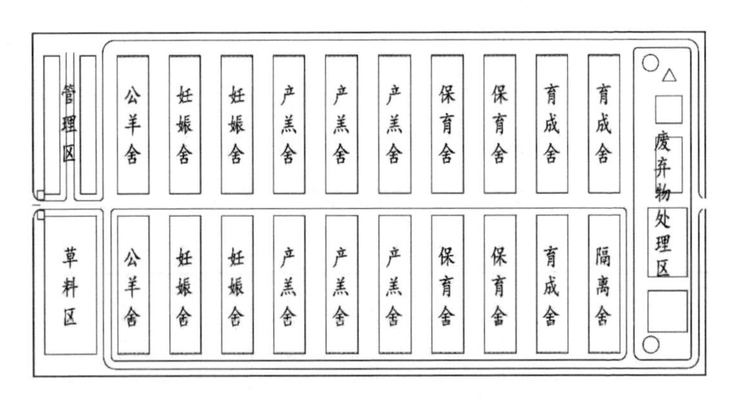

图 2 -6　农区标准化规模羊场总平面布局

（一）通用型羊舍

通用型羊舍建筑宜采用统一长宽规格修建，根据生产实际的不同饲养类型，对建筑物内部进行分割，实现羊舍建筑的标准化。

（1）羊舍总平面布局：单栋羊舍采用双列式设计，舍内梁柱为6 m一根（管径10 cm），舍内总宽12 m，分别是中间过道2.4 m（含2个40 cm宽的食槽），两边圈栏宽度各4.3 m，两侧的侧墙厚度各0.3 m，两侧的滴水檐宽度各0.5 m（见图2－7）。

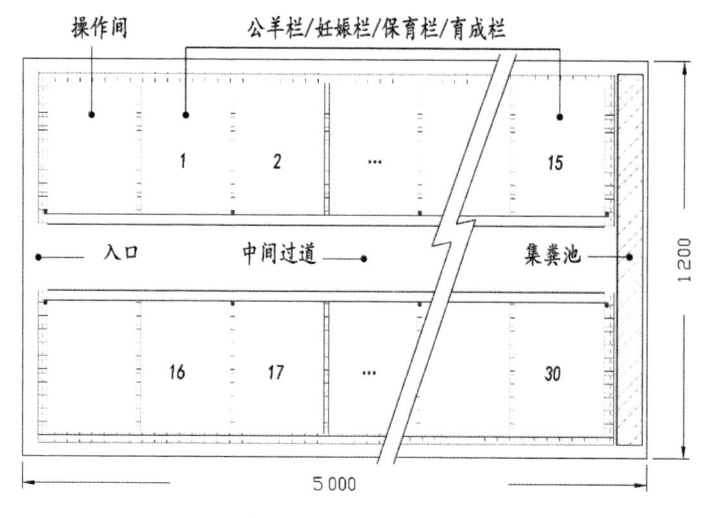

图2－7　农区羊舍总平面布局　单位：cm

（2）羊舍剖面结构：羊舍总高度5.8 m，其中肩高4.65 m（含粪沟），屋架高度1.6 m。圈栏规格为3.0 m（长）×4.3 m（宽），并根据圈舍类型不同，设置不同高度的栏高。公羊舍栏高为2.0 m，妊娠舍、育成舍、后备母羊舍栏高为1.6 m，保育舍栏高为1.4 m。饮水器安装在隔栏上适宜位置。羊舍纵向两侧可分别安装湿帘和负压风机（见图2－8、图2－9）。

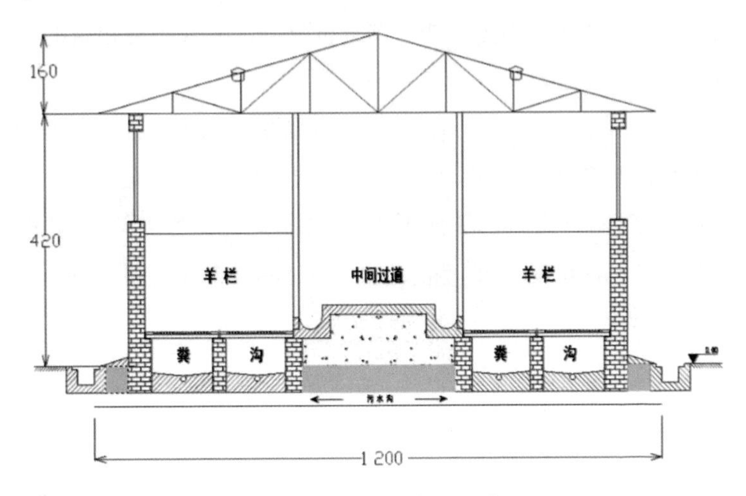

图 2－8　农区羊舍剖面布局　单位：cm

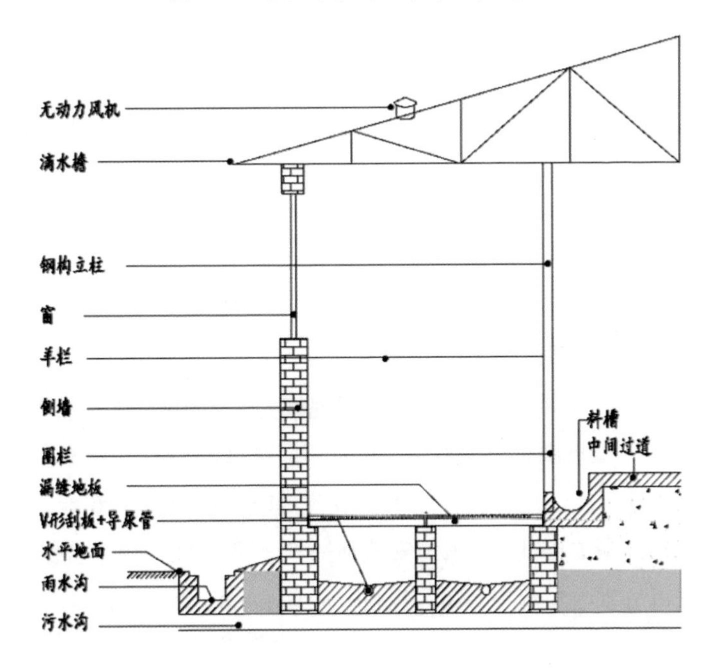

图 2－9　农区羊舍剖面结构

（3）羊舍羊床结构：羊床净宽度 4.3 m，其中漏缝板区域宽度 3.9 m，砖混地面（含食槽）宽度 0.5 m。漏缝板区域位于靠近侧墙一侧，砖混区域（含食槽）靠近中间过道一侧（见图 2－10）。

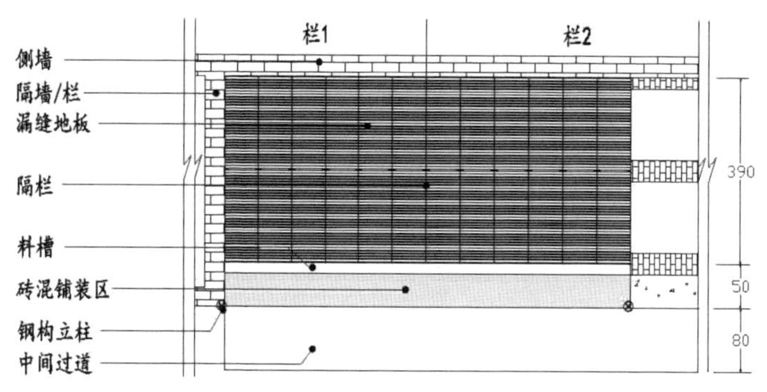

图 2－10　农区羊舍羊床结构　单位：cm

（4）羊舍圈栏结构：羊舍钢构立柱（梁柱），采用 Φ10 cm 以上圆管或方管，间距 6 m 一根；舍内圈栏立柱为每 1.5～2.0 m一根（管径 5 cm），隔栏采用圆形或方形钢管（管径2.5 cm），横拉横接。羊栏横杆，采用 Φ2.5 cm 钢管（圆管或方管）；分栏立柱，采用 Φ5 cm 钢管（圆管或方管）。圈舍门栏宽度 80 cm，位于过道一侧（见图 2－11、图 2－12）。

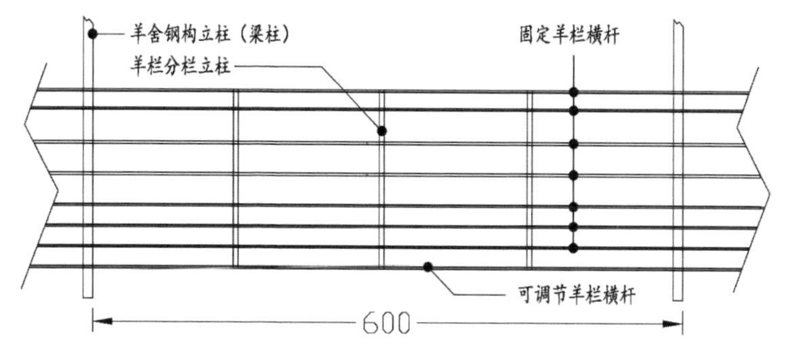

图 2－11　农区羊舍圈栏分隔　单位：cm

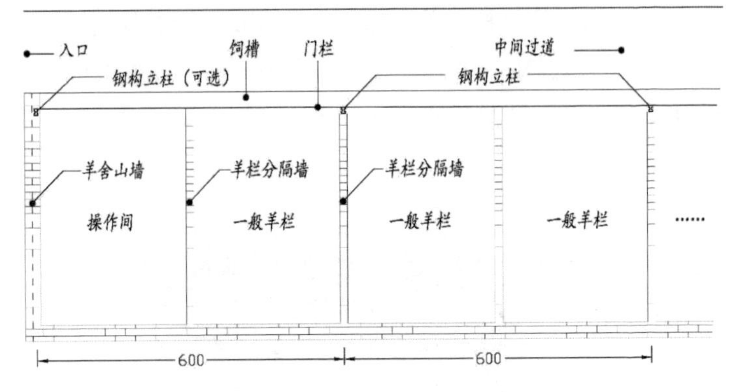

图 2－12　农区羊舍门栏位置　单位：cm

（5）羊舍清粪系统：羊舍清粪采用刮板带导尿管式清粪方式。粪沟总宽度为 390 cm，分为两个刮粪沟，每条刮粪沟净宽度为 170 cm，粪沟采用砖混建造，深度为 60 ~ 100 cm。舍外设置横向粪沟，可采用人工或者传送带方式将粪便转运到干粪堆场进行无害化处理（见图 2－13、图 2－14）。

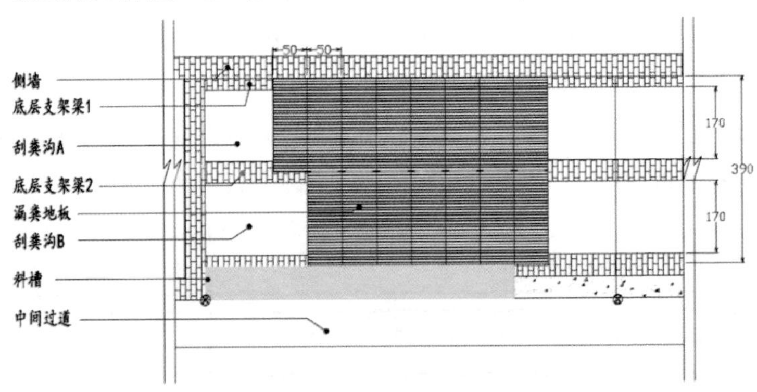

图 2－13　农区羊床漏缝地板铺装示意　单位：cm

（6）饲槽：采用水泥式饲槽，饲槽底面比羊床漏缝地板位置高 20 cm，槽口宽 40 cm，上宽下窄，槽底为弧形约 15°，外沿比内沿高 20 cm。

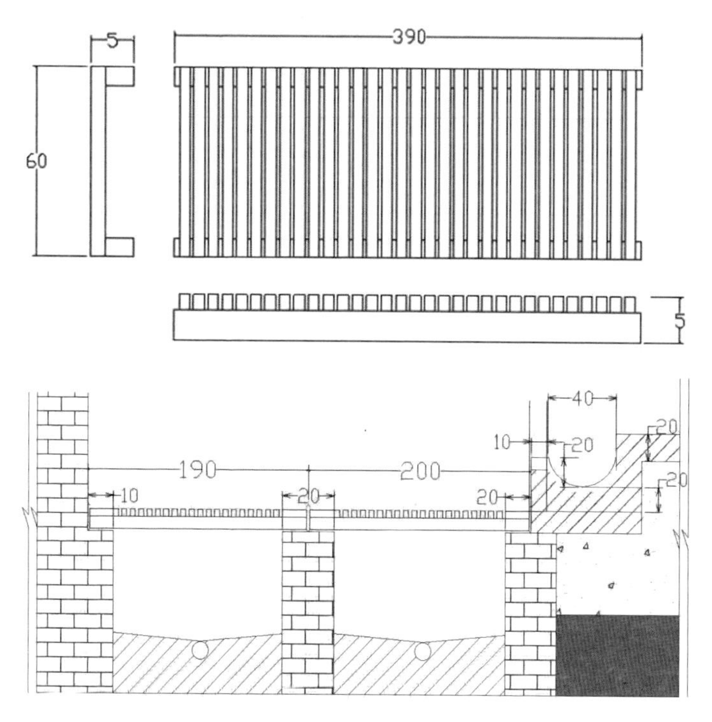

图 2－14　农区羊床漏缝地板和饲槽示意　单位：cm

（二）产羔舍

产羔舍与通用型羊舍在羊舍总平面布局、圈栏结构和清粪系统方面基本相同，主要区别在羊床地面和圈栏分隔。圈栏规格为 4.0 m（长）×4.3 m（宽）×1.4 m（高）。为了给羔羊补饲，需要将母羊和羔羊隔离开，在中间增加一道栏杆，分成母羊区和羔羊区（在栏杆底部设置羔羊通道，即羔羊可以穿过栏杆到母羊区活动，母羊不能穿过栏杆到羔羊区）。在羔羊区的砖混区内设置补饲桶，同时设置保温地暖，地暖区域长 0.8 m，宽 2.7 m。相邻一侧羔羊区与本栏羔羊区紧紧相邻，便于供电和管理（见图 2－15、图 2－16）。

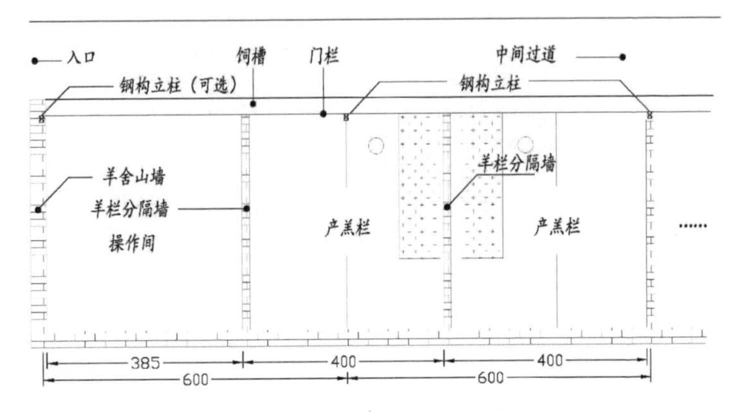

图 2－15　农区产羔舍圈栏、门栏示意　单位：cm

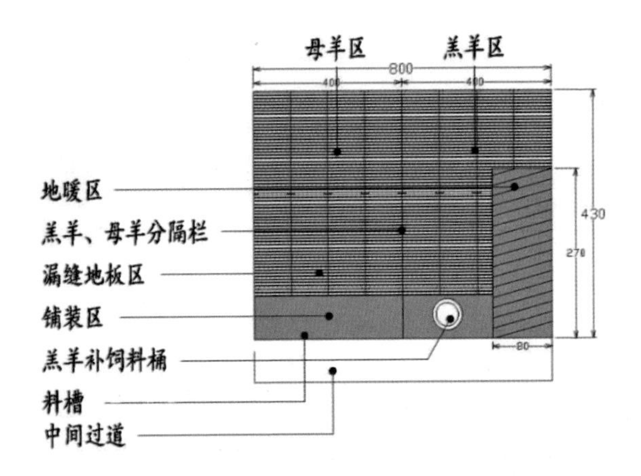

图 2－16　农区产羔舍羊床结构示意　单位：cm

二、牧区标准化规模羊场圈舍建设

牧区标准化规模羊场圈舍可采用钢架结构（也可采用砖混结构），双列式设计，舍宽 10 m。外墙用空心砖修建的“二四墙”，间隔墙采用“一二墙”，屋面为双面彩钢夹芯板，夹芯板厚度以 10～15 cm 为宜。每栋圈舍左右两侧各配套 8 m 宽的运动场，圈舍间距 4 m；场区配套粪污处理等基础设施。场区长 300 m，宽 70 m 较为适宜，可以存栏能繁母羊 1 000 只，自繁自养。牧区标准化规模羊场总平面布局见图 2－17。

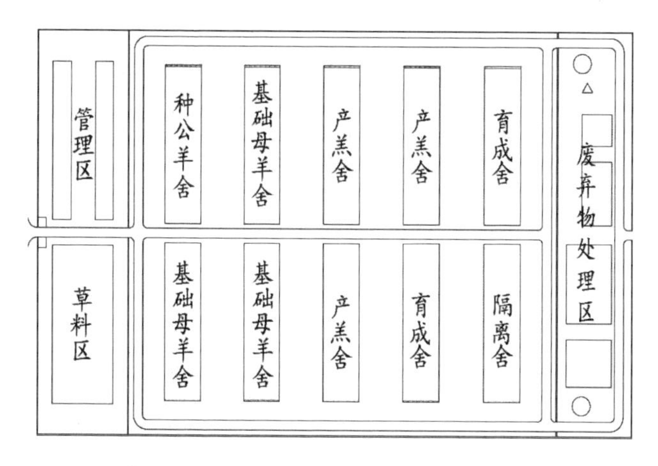

图 2－17　牧区标准化规模羊场总平面布局

（一）通用型羊舍

（1）羊舍总平面布局：单栋羊舍采用双列式设计，舍内梁柱为 6 m 一根（管径 10 cm），舍内总宽 10 m，分别是中间过道 2. 6 m（含 2 个 30 cm 宽的食槽），两边圈栏宽度各 3 m，两侧的侧墙厚度各 0. 4 m，两侧的滴水檐宽度各 0. 3 m。

（2）羊舍剖面结构：羊舍总高度 6. 0 m，其中肩高 4. 75 m（含粪沟），屋架高度 1. 2 m。圈栏规格为 3. 0 m（长）×6. 0 m（宽），并根据圈舍类型不同，设置不同高度的栏。公羊舍栏高为 2. 0 m，其他舍栏高为 1. 4 m。饮水器安装在间隔栏上适宜位置。羊舍纵向两侧可分别安装湿帘和负压风机。该羊舍剖面结构见图 2－18。

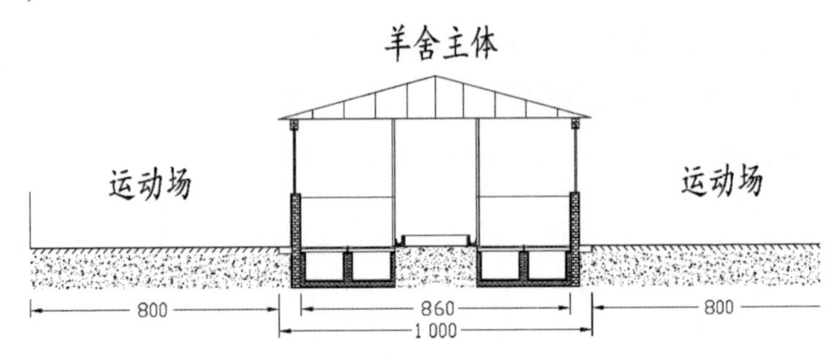

图 2－18 牧区标准化规模羊场圈舍剖面示意 单位：cm

（3）羊舍羊床结构：羊床净宽度 3 m，其中漏缝板区域宽度 2.6 m，砖混地面宽度 0.4 m。漏缝板区域位于靠近侧墙一侧，砖混区域靠近中间过道一侧。

（4）羊舍圈栏结构：羊舍钢构立柱（梁柱），采用 Φ10 cm 以上圆管或方管，间距 6 m 一根；舍内圈栏立柱为每 1.5～2.0 m一根（管径 5 cm），隔栏采用圆形或方形钢管（管径 2.5 cm），横拉横接。羊栏横杆，采用 Φ2.5 cm 钢管（圆管或方管）；分栏立柱，采用 Φ5 cm 钢管（圆管或方管）。

（5）羊舍清粪系统：与农区羊舍清粪系统基本相同，主要区别在粪沟总宽度为 300 cm，分为两个刮粪沟，每条刮粪沟净宽度为 120 cm。

（二）产羔舍

牧区产羔舍与农区羔羊舍基本相同，主要区别在于圈栏规格为 3.0 m（长）×6.0 m（宽）×1.4 m（高），地暖区域长 0.8 m，宽 3.0 m。

牧区标准化规模羊场圈舍建筑结构可以参考农区标准化规模羊场圈舍建筑结构的有关做法。牧区标准化规模羊场圈舍效果见图 2－19。

图 2-19　牧区标准化规模羊场圈舍效果

第三章　羊场设施设备

第一节　饲养设施

一、饲槽

饲槽主要用于饲喂精饲料、颗粒饲料、青贮饲料等，依据建造用途一般分为固定式、活动式和悬挂式（羔羊槽）三种，可选取的材料有铁皮、无毒塑料、木质和水泥等。饲槽必须保证羊只自由采食的同时防止羊只跳进槽内把草料弄到槽外，造成污染和浪费。饲槽的深度要适宜，保证羊只能舔舐到槽底，把槽里的饲料全部吃完；槽底为弧形，槽沿圆滑，槽沿上设置隔离栏，结实牢固，减少维修麻烦。

（一）固定饲槽

固定饲槽一般在双列羊舍、运动场饲喂通道或补饲通道两侧，单列式羊舍在饲喂通道靠近围栏侧，用砖石和水泥等砌成倒梯形，底部圆形、四角形或圆弧形，要求内表面光滑、耐用，槽底圆弧形，利于打扫（见图3－1）。饲槽长度根据区域不同略有差异，以保证整个羊群同时采食为宜，一般饲槽上宽40～50 cm，槽体高30～45 cm，槽深20～25 cm。饲槽可置羊舍内或者运动场，饲槽长度应满足每只羊采食时不相互干扰，羊脚不能踏入槽内为准，可按每只成年羊 25 ~35 cm，羔羊20 ~25 cm计算。槽的上方可设置颈夹，以固定羊头，不让其乱占槽位。

图 3－1　固定饲槽

（二）活动饲槽

活动饲槽一般采用铁皮、塑料和木板钉成长 1.5 ~2 m，上宽 35 cm，下宽 30 cm 的木槽，活动饲槽主要作为产羔前后母羊、病羊在大风雪天或羊群拥挤时补充固定槽之用。其特点是，制造简单、使用方便、节约成本，适合小规模养羊场。

目前，市售的环保塑胶羊饲槽规格为 1.95 cm（长）×30 cm（宽）×18 cm（高），还可配置专用支架。这种塑料饲槽具有结实耐用、抗晒耐摔、不风化、抗冻不变脆、冬天不冻羊舌、无毒韧性强、可根据需要移动位置等特点（见图 3－2）。

图 3－2　活动饲槽

（三）悬挂式饲槽

悬挂式饲槽主要用于羔羊补饲，槽的尺寸均小于成年羊槽。可将长方形饲槽两头的木板，改为高出槽沿 30 cm 左右的长条形木板，在木板上端中心部位开一圆孔，再用一长圆木棍从两孔之间插入，用绳索紧扎圆棍两端，将饲槽悬挂在羊舍补饲栏的上方，饲槽离地面高度以羔羊吃料方便为原则。现市面上有羔羊专用的塑料补饲槽，可根据羔羊的高度，直接挂在栅栏上，此补饲槽方便实用，便于清洁。

二、饮水设施设备

羊场饮水可直接利用井水、湖水、塘水和河水，以及降雪降雨积水；也可使用饮水槽或自动饮水器等。在干旱缺水区域，若当地无河流湖泊，羊群多饮用井水或降雨积水。凡利用这种饮水方式的地区，水井或饮水池应建在离羊舍 150 m 以上、地势稍高的地方。

为保持水源洁净，不受污染，应进行以下防护：①离水井 3 ~5 m 远处设防护栏或围墙，以保证水质卫生；②在井口加设口盖以避免脏物入水；③在贮水池或水井周围 50 m 范围内不得修建垃圾堆、厕所或废渣堆等污染源。④饮水槽尽量远离水井或贮水池，防止羊只的粪、尿或其他污水倒流入水井或水池。

目前，我国规模化羊场还有相当一部分仍然采用砖、水泥或铁板等制成的饮水槽。在舍饲养羊生产中，很难保证水槽不受羊粪、尿和饲料残留物污染，因而需要定期对水槽进行清洁；同时，为避免妊娠母羊因饮冰水造成流产现象的发生，一般舍内水槽供天气寒冷时使用，气温适宜时可转入运动场。

由于羊喜饮清洁的水，尤其喜好流动的水，因此采用自动饮水器或节水型饮水器（见图3-3）较为理想，以饮水盘或饮水碗为主，比鸭嘴式饮水器（见图3-4）减少饮水浪费10%~25%。

图3-3 节水型饮水器

图3-4 鸭嘴式饮水器

三、草料设施设备

（一）饲草架

饲草架是喂粗饲料、青绿饲草专用设备。利用饲草架养羊能减少饲草浪费和草屑污染羊毛。饲草架多种多样，可以靠墙设置固定的单面草料架，也可以用木料等材料制作双面草架，设置于运动场中央。饲草架有直角三角形、等腰三角形、梯形和正方形等几种形状。饲草架隔栅可用木料或钢材制成。饲草架设计长度按成年羊每只 30 ~ 50 cm，羔羊 20 ~ 30 cm，草架隔栅间距以羊头能伸入栅内采食为宜，一般 15 ~ 20 cm。有的地区因缺少木料、钢材，常就地利用芦苇修筑简易草料架进行喂养。常见的饲草架见图 3 - 5。

图 3 - 5　饲草架

（二）堆草圈/草棚

每栋羊舍外边，可以用土墙或铁丝围成草圈，用以贮存羊补饲用的草料和作物秸秆。为了防潮和排水，堆草圈应设在地形稍高，向南有斜坡的地方。一般情况下，舍饲羊都配备有专门的饲草棚。草堆下面应用钢材或木材等物垫起，以防止饲草霉变，减少浪费。

（三）草料加工设备

1. 铡草机

铡草机主要用于铡切农作物秸秆、牧草和青贮饲料等。按其机型大小分为大型、中型、小型三种机型；按其切碎形式，则分为滚筒式和圆盘式两种，小型以滚筒式为多，大中型多为圆盘式；按喂入方式不同，分为人工喂入式、半自动喂入式和自动喂入式；按切碎处理方式不同，分为自落式、风送式和抛送式三种。用户可依据需要进行机型选择，常见铡草机见图

3－6。选择时应注意以下事项。

（1）切铡段长度可调整范围为3～100 mm。

（2）通用性能好，可以切铡各种作物茎秆、牧草和青饲料。

（3）能把粗硬的茎秆压碎，切茬平整无斜茬，喂料出料效率高。

（4）切铡时发动机负荷均匀，能量比耗小，当用风机输送切碎的饲料时，其生产率要略高于切碎器的最大生产率，抛送高度对于青贮塔不小于10 m，对于其他青贮设施可任意调整。

（5）结构简单，使用可靠，调整和磨刀方便。

图3－6　铡草机

2. 揉搓机

揉搓机是介于铡切与粉碎两种加工方法之间的一种新方法，适用于棉秆、玉米秆、麦草等农作物秸秆以及树皮的揉碎加工（见图3－7）。其工作原理是将秸秆送入料槽，在锤片及空气流的作用下，进入揉搓室，受到锤片、定刀、斜齿板及抛送叶片的综合作用，把物料切断，揉搓成丝状，经出料口送出机外。使用时，通过调节锤片的数量调整秸秆的揉搓效果及碎料的多少。减少锤片，出料秸秆加长，碎料减少；增加锤片，出料秸秆变短，碎料增加。揉搓机通过传送带自动进料将秸秆压扁、纵切、挤丝、揉碎，破坏了秸秆表面硬质茎节，把牲畜不能直接采食的秸秆加工成丝状适口性好的饲草，而又不损失其营养成分，便于牲畜的消化吸收。

图3－7　揉搓机

3. 粉碎机

粉碎机的类型有锤片式、劲锤式、爪式和对辊式四种。

（1）锤片式粉碎机是一种利用高速旋转的锤片击碎饲料的机器，生产率高，适应性广，既能粉碎谷物类精饲料，又能粉碎含纤维、水分较多的青草类、秸秆类饲料，粉碎粒度好。

（2）劲锤式粉碎机与锤片式类似，不同之处在于它的锤片不是用销连接在转盘上，而是固定安装在转盘上，因此其粉碎能力更强。

（3）爪式粉碎机是利用固定在转子上的齿爪将饲料击碎。这种粉碎机结构紧凑、体积小、重量轻，适合于粉碎含纤维较少的精饲料。

（4）对辊式粉碎机是由一对回转方向相反，转速不等的带有刀盘的齿辊进行粉碎，主要用于粉碎油料作物的饼粕等。

4. 制粒设备（见图3－8）

依据动物日粮配方，将粗饲料如秸秆、牧草等粉碎后，与精饲料、添加剂按比例混合均匀并制粒后统称为全价颗粒饲料。整套设备包括粉碎机、附加物添加装置、搅拌机、蒸汽部分、压粒机、冷却装置、碎粒去除和筛粉装置。制粒机有平模制粒机和环模制粒机两种类型。

图 3-8 制粒机

第二节 栅栏设施

一、母仔栏

母仔栏是为母羊产羔、瘦弱羊隔离而设置。一般用铰链把两块栅栏板链接，每块栅栏板长度为 1.2~15 m，高度为 1 m。把此活动栏在羊舍角隅成直角展开，并将其固定在羊舍墙壁上，可形成 1.2~1.5 m^2的母仔间，供 1 只母羊及其羔羊单独用（见图 3-9）。母仔栏数量一般为母羊数的 10%~15%。这可将产羔母羊及羔羊和其他羊只隔离开，有利于产羔母羊补料和羔羊哺乳以及母羊和羔羊的单独管护，利于产后母羊的快速恢复。

图 3-9　活动母仔栏

二、补饲栏

在羊舍或补饲场，将多个栅栏、栅板或网栏在羊舍或补饲场靠墙围成足够面积的围栏，在栏间插入一个大羊不能入内，羔羊能自由出入的栅门，内放食槽。一般让两个带羔母羊合用一个补饲栏，中间以铁栏隔开作为各自带羔母羊的补饲栏，内放食槽，投入代乳精饲料。补饲栏与母羊圈之间设置栏杆并开一个小门，让羔羊能自由进出。羔羊补饲栏见图 3-10。

图 3-10　羔羊补饲栏

三、分群栏

在大、中型肉羊饲养场内，为了提高羊只鉴定、分群、防疫注射、药浴、驱虫等工作的效率，通常要设有比较结实但可活动的分群栏（见图3－11）。分群栏可根据需要选择适当地点修建，用栅栏临时隔离。分群栏一般设有6～8 m长而窄的通道，其宽度比羊体略宽，羊在通道内只能单独前进，不能回转向后，在通道的两边可根据需要设立若干个只能出不能进的活动门，通过控制活动门的开关可决定每只羊的去向。

图3－11　活动式分群栏

四、羊栏

羊圈内的材质多为钢筋，形状多样，有竖式隔栏、横式隔栏。一般母羊栏高1.4 m，羔羊为1 m，公羊栏高1.5～1.6 m。肉羊规模场各种羊栏栏高、栏距参数见表3－1。

表3-1　肉羊规模场各种羊舍羊栏栏高、栏距参数

<table>
<tr><th colspan="2" rowspan="3">栏高</th><th colspan="5">圈舍类型</th></tr>
<tr><th colspan="2">公羊舍</th><th rowspan="2">妊娠舍</th><th rowspan="2">产羔舍</th><th rowspan="2">育成舍</th></tr>
<tr><th>种公羊</th><th>后备母羊</th></tr>
<tr><td colspan="2">圈栏高度/cm</td><td>158.4</td><td>138.4</td><td>138.4</td><td>138.4</td><td>138.4</td></tr>
<tr><td colspan="2">栏杆总厚度</td><td>25.6</td><td>22.4</td><td>22.4</td><td>22.4</td><td>22.4</td></tr>
<tr><td rowspan="8">栏杆间距/cm</td><td>第8根(公羊栏)</td><td>16.8</td><td>—</td><td>—</td><td>—</td><td>—</td></tr>
<tr><td>第7根(通用栏)</td><td>20.0</td><td>20.0</td><td>20.0</td><td>20.0</td><td>20.0</td></tr>
<tr><td>第6根</td><td>20.0</td><td>20.0</td><td>20.0</td><td>20.0</td><td>20.0</td></tr>
<tr><td>第5根</td><td>20.0</td><td>20.0</td><td>20.0</td><td>20.0</td><td>20.0</td></tr>
<tr><td>第4根</td><td>15.0</td><td>15.0</td><td>15.0</td><td>15.0</td><td>15.0</td></tr>
<tr><td>第3根</td><td>13.0</td><td>13.0</td><td>13.0</td><td>13.0</td><td>13.0</td></tr>
<tr><td>第2根</td><td>13.0</td><td>13.0</td><td>13.0</td><td>13.0</td><td>13.0</td></tr>
<tr><td>第1根(可调节)</td><td>15.0</td><td>15.0</td><td>15.0</td><td>15.0</td><td>15.0</td></tr>
</table>

第三节　青贮设施设备

青贮是将新鲜牧草或青绿作物粉碎后紧实地压实在不透气的窖中，通过乳酸菌厌氧发酵里面的糖类或淀粉，代谢产物以乳酸为主，当乳酸积累发酵使密闭环境的牧草 pH 值下降到 3.8～4.2 时，腐败菌和丁酸菌等微生物的活动被抑制；随着酸度的进一步的增加，再经过 22～30 d 的稳定发酵期，最终乳酸菌本身的活动也受到抑制，从而使其营养物质可长期在密闭的环境中保存。青贮饲料具有多汁、耐贮、适口性好、营养价值高、可供羊只全年饲喂等特点。为制作青贮饲料，青贮设施应修建在羊舍附近的上风口。

一、青贮壕

青贮壕是指大型的壕沟式青贮设备，适于大型养殖场短期内大量保存青贮饲料。大型青贮壕长 30 ~ 60 m、宽 10 m、高 5 m左右。在青贮壕的两侧有斜坡，便于运输车辆调动工作。底部为混凝土结构，两侧墙与底部接合处修一水沟，以便排泄青贮料渗出液。青贮壕的底面应倾斜，以利排水。青贮壕最好用砖石砌成永久性建筑，以保证密封和提高青贮效果。青贮壕的优点是：便于人工或机械装填、压紧和取料，可从任一端开窖取用，对建筑材料要求不高，造价低；缺点是：密封性较差，养分损失较大，耗费劳力较多。

二、青贮池

常见青贮池可分为地上式、半地下式、地下式三种（见图 3 - 12）。地上式或半地下式青贮池适用于地下水位高，土质较差的地方；地下式青贮池适用于地下水位低，土质较好的地方。生产上一般以长方形为好，池壁、池底四周用砖石砌成，三合土或水泥抹面，坚固耐用，内壁光滑不透气，不透水，上下垂直，池底呈锅底状。在青贮池 0.5 ~ 1 m 处挖排水沟，防止污水流入池中。青贮池的大小应根据羊群数量、青贮料的饲喂量决定，以防青贮池每天的取用量达不到防止二次污染要求。青贮池在人工装填时，一般深 3 ~ 4 m，宽 2.5 ~ 3.5 m，长 4 ~ 5 m；机械操作时，长度为 10 ~ 15 m，以 2 ~ 3 d 内能将青贮原料装填完毕为原则。青贮池是目前南方地区比较常用的青贮设施，它具有投资小、贮料和取料方便、浪费率低等优点。

图3－12　青贮池

三、青贮塔

青贮塔有全塔式和半塔式两种形式（见图3－13）。全塔式青贮塔是全部修建在地表以上的青贮塔，一般塔高6～16 m，直径4～6 m，容量为75～200 t，根据养羊规模确定建造青贮塔的容量。青贮塔制作青贮料比较方便，塔侧壁开有取料口，青贮料损失较少。大型羊场可采用这种全塔式青贮塔，造价虽较高，但经久耐用，青贮质量高，青贮料利用率高。半塔式青贮塔是有3～4 m塔身在地下，4～6 m塔身在地上，造价较全塔式低。

图3－13　青贮塔

四、袋装青贮

袋装青贮法是通过对传统青贮饲料生产加工工艺创新发展起来的一项实用性粗饲料加工贮存技术。袋贮与捆裹是用聚乙烯无毒塑料薄膜制成的塑料袋，双幅袋形塑料，厚度 8 ~ 12 丝、宽 100 cm、长 100 ~ 170 cm，为防穿孔，也可用两层。每个塑料袋可贮青贮饲料约 200 kg。塑料袋青贮方法设备简单，方法简便，浪费少，适用于小规模饲养。袋装青贮见图 3 - 14。

图 3 - 14　袋装青贮

有条件的地方，也可购买裹包青贮机械，用塑料拉伸膜将青贮原料用机器压成圆捆，再用裹包机包被在草捆上进行青贮。裹包青贮机是一种可移动式粗饲料青贮或混合青贮深加工复合作业机具，主要用于牧草、饲料作物和农副产品的揉搓切碎、压实、装袋（包裹），从而使物料在密封的塑料青贮袋（包裹）中通过乳酸菌发酵，或通过其他生物化学方法达到保存营养甚至提高营养价值的目的。与其他青贮机械比较，该机械的最大特点是将揉搓机、切碎机和填装机或包裹机组合在一起，减少了专用运输设备，生产操作方便灵活。

裹包青贮机加工生产青贮饲料具有以下优点：①设备投资少，不需要修建青贮窖（池）、青贮塔，成本低，设备简单，制作容易，不受气候和场地等条件限制；②便于生产全混日粮，取用方便，浪费少，可减轻饲养人员劳动强度；③生产灵活性强，便于运输，为粗饲料商品化创造了条件。裹包青贮见图3－15、图3－16、图3－17。

图3－15　青贮裹包机

图3－16　青贮膜

图3－17　裹包青贮

第四节　其他配套设施

一、环境控制设施

（一）无动力风机

无动力风机也叫屋面通风器、自然通风器、免电力通风器。无动力风机是利用自然界的自然风速推动风机的涡轮旋转和室内外空气对流的原理，将任何平行方向的空气流动加速并转变为由下而上垂直的空气流动，以提高室内通风换气效果的一种装置。该风机不用电，无噪声，可长期运转，合理化设置在屋面的顶部，能迅速排出室内热气和污浊气体，改善舍内环境（见图 3 - 18）。

图 3 - 18　羊舍屋顶无动力风帽

（二）负压风机水帘降温系统

负压风机是利用空气对流、负压换气的降温原理，是一种由安装地点的对向——大门或窗户自然吸入新鲜空气，并将室内闷热气体迅速强制排出室外，任何通风不良问题均可改善的机器，降温换气效果可达 80% ~87%。

湿帘（水帘）降温主要利用水蒸发过程中水吸收空气中的热量，使空气温度下降的物理学原理。在实际生产中与负压风机配套使用，湿帘装在密闭羊舍一端山墙或侧墙上，风机装在另一端山墙或侧墙上，降温风机抽出室内空气，产生负压迫使室外的空气流经多孔湿润湿帘表面，使空气中大量热量进行转化处理从而迫使进入室内的空气降低 10 ~15℃，并不断地引入室内进行防暑降温（见图 3 - 19）。一般情况下，风机 + 湿帘垂直距离不超过 50 m。

图 3-19　羊舍负压通风水帘降温装置

（三）供暖设备

1. 电热板

电热板主要用于羔羊保暖，包括外壳、发热线、保温层和保护层（见图 3-20）。发热线平铺在外壳背部，外壳、保温层和保护层顺次固定连接。保温层可采用塑料泡沫，保护层可采用镀锌钢板、玻璃钢板、PVC 材料、优质塑钢、复合碳纤维、PVC 碳纤维等。电热板外壳背部设有突出的螺纹孔，保护层和保温层通过与螺纹孔配合的螺钉与外壳固定连接，发热线采用碳纤维材料，外壳采用由玻璃纤维、耐腐蚀树脂和石灰粉制备而成的复合材料，外壳厚度为 0.7~1.5 cm，保温层厚度为1.8~2 cm，保护层厚度为 0.5 mm。

2. 热风机

热风机也叫畜禽空调，是将锅炉热量通过风机吹到羊舍的设备，可以使舍内温度均匀，干净卫生，价格比用电空调便宜，适合小型羊场采用。

图 3-20　羊舍电热板

二、药浴池

常用的药浴池一般为长方形，用水泥筑成，池深不小于 1 m，长约 10 m，池底宽 30～60 cm，上宽 60～100 cm。药浴池入口一端是陡坡；出口一端是台阶，并设置 2 m^2 滴流台，为方便羊身多余的药液流入池内。水泥药浴地平面、剖面图见图 3-21、图 3-22。

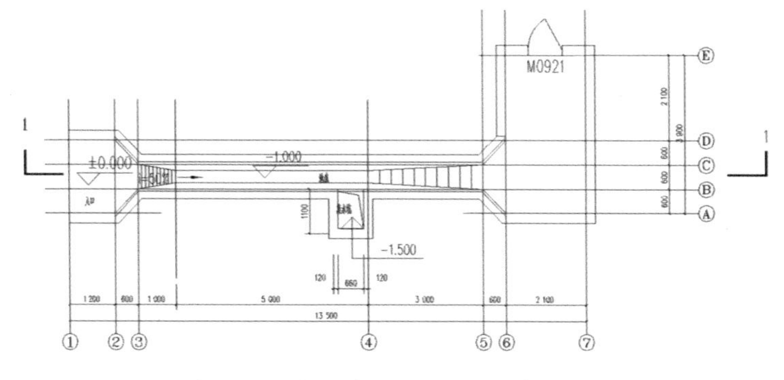

图 3-21　水泥药浴池平面图　单位：cm

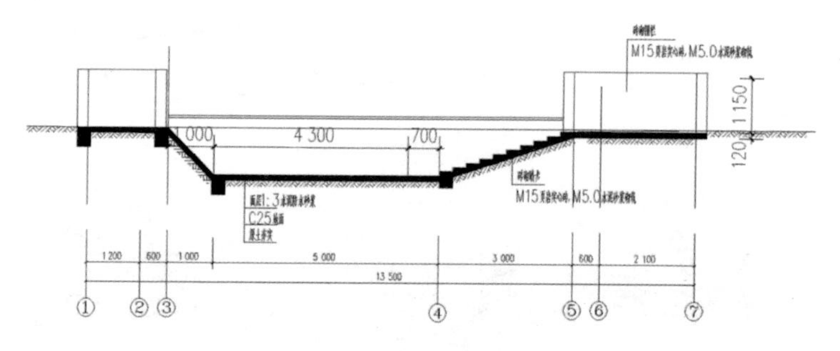

图 3－22　水泥药浴池剖面图　单位：cm

三、运动场

羊舍运动场一般为羊舍面积的 1～2.5 倍，地面应低于羊舍内地面 60 cm。为了便于管理，可依据羊舍内围栏大小将运动场分成对应的小区域，每个区域对应相应围栏。运动场周围设置围栏，围栏材料可用木栅栏、铁栅栏、钢管等。运动场地面以砖砌或沙土为宜，有利于保持干燥和便于排水（见图 3－23）。

图 3－23　配套运动场

第四章　羊场环境质量控制

第一节　饮水污染和控制

羊场饮水主要来自地表水和地下水。地表水主要为水库、湖泊、河流和池塘水，其水质和水量易受自然条件、生活工业污水影响，但取用方便。地下水多为利用深井抽取地层深部水，受污染源影响较少，水量稳定，是最好的水源。无论地表水还是地下水，使用前应进行检测，根据检测结果进行相应地人工处理和消毒灭菌，并通过场内独立供水系统，经抽水机和供水设备将水输入场内，由水塔或压力罐向供水管网供水。

一、饮水污染关键控制点

（一）水源

一般来讲，浑浊的地表水需要沉淀、过滤和消毒后方能供动物饮用；较清洁的深井水、地下水只需经消毒处理即可，若受周边环境或地质的影响，水源受到特殊的污染，则需采取相应的净化措施。

（二）供水塔

为满足肉羊饮用水供应，羊场通常建有一个或多个水塔。

若清洗和消毒不及时，塔内会生长青苔，淤泥、垃圾积堆，严重影响饮水卫生，需定期进行清理和消毒。

（三）输水管道和饮水器

水中微生物附在输水管道壁可滋生形成菌落、生物膜、污垢等，引起管道变窄、管道水线末端水质细菌超标、通道堵塞、水流量小等问题，导致肉羊采食量低、不明原因拉稀、长势慢、皮毛不光亮等；添加到饮水系统中的维生素、矿物质、电解质、酶、酸化剂等水溶性添加剂，也可在水管内壁生成生物膜，会进一步促进有害微生物的生长繁殖；含氯消毒剂对部分微生物有一定抑制作用，但对已形成的生物膜效果不佳。因此，需定期对饮水器、管道接口进行清洗，有必要时进行拆卸清洗。

（四）介水传染病

羊场水源受病原体污染后未经妥善处理或处理后的饮用水在输配水和贮水过程中重新被病原体污染均可导致介水传染病的发生。病原体主要有大肠菌群、耐热大肠杆菌、沙门氏菌、魏氏梭菌、霍乱弧菌、贾第氏虫及血吸虫等。主要由动物粪便、屠宰、尸体掩埋、生活污水等废水渗入地下所致。介水传染病流行引起的疾病主要包括羊腹泻、肠毒血症和血吸虫病引起的消化不良等，若养殖场经常发生此类问题，水质检测多会存在细菌总数超标的问题。因此，羊场在控制疾病流行、制定防治方案时，一定要重视水源安全和水质细菌检测，并制定相应水源净化、消毒方案。

二、饮水污染控制方法

羊场饮用水一般根据水源水质情况进行净化和消毒后方可使用。

（一）净化

1．自然沉淀

地表水常因含有泥沙等而浑浊度较大。当水流速度减慢或静止时，密度大于水的悬浮物可因重力作用逐渐下沉，称自然沉淀。此种沉淀一般在专门的沉淀池或蓄水池中进行，需要一定时间。

2．混凝沉淀

悬浮在水中的极小悬浮物及胶体微粒因带有一定负电荷而互相排斥，长期悬浮而不沉淀，需加入一定的混凝剂使其凝聚成絮状而加快沉降。常用的混凝剂有明矾、硫酸铝、硫酸亚铁、三氯化铁等。它们与水中的重碳酸盐作用，形成带正电荷的胶体，吸附水中带负电荷的微粒凝集而沉降。

3．过滤

所谓过滤，是指通过滤膜阻隔大于滤孔的大粒子悬浮物，净化水质。滤水的效果取决于滤料粒径的适当组合、滤料层厚度和过滤速度、原水的浑浊度，以及滤池的构造与管理等。过滤可将小颗粒的固体杂质清除，但无法清除溶于水的物质。常用的滤料是沙，也可用矿渣、煤渣、硅胶等。

（二）消毒

为防止传染病的介水传播，确保羊场用水安全，必须进行消毒处理以彻底消灭病原体。常用的消毒方法有物理消毒（煮沸、紫外线法、臭氧法、超声波法、电子消毒法等）和化学消毒（氯制剂、酸化剂、含过氧化氢成分消毒剂等）。养殖场更多采用化学法对水进行消毒。饮用水消毒剂要求无毒、无刺激性，可迅速溶于水中并释放出杀菌成分，对水中的病原性微生物杀灭力强，杀菌谱广，不会与水中的有机物或无机物发生化学反应和产生有害有毒物质，价廉易得，便于保存和运输，使用方便。目前，主要采用氯化消毒法，其杀菌力强，设备简单，使用方便，费用低。

1. 常用化学消毒剂

（1）氯制剂

含氯消毒剂属高效消毒剂，对病毒、细菌、真菌和芽孢均有良好的杀灭作用。其缺点是发挥消毒作用以酸性环境为佳，且具有较强的刺激性和腐蚀性。常用饮用水消毒的氯制剂有漂白粉、二氯异氰尿酸钠、二氧化氯等。漂白粉价格较低，稳定性差，在酸性环境中杀菌力强而迅速，高浓度能杀死芽孢，但其在光、热、潮湿、二氧化碳及酸性环境下分解速度加快，应密闭保存于阴暗干燥处，时间不超过一年。二氯异氰尿酸钠性质稳定，易溶于水，价格适中，但应注意其水溶液呈弱酸性时稳定性差，应注意现配现用。二氧化氯消毒效果不受水质、酸碱度、温度的影响，是目前消毒饮用水最为理想的消毒剂，但消毒成本较高，且注意避免与酸类有机物、易燃物混放，以防自燃。

（2）碘制剂

碘制剂主要包括碘元素（碘片）、有机碘、碘伏等。碘片在水中溶解度极低，常用2%碘酒来代替；碘伏是一种含碘的表面活性剂，易受到其拮抗物的影响，杀菌效果减弱。碘及制剂具有广谱杀灭细菌、病毒的作用，但对细菌、芽孢、真菌的杀灭力略差，且消毒效果易受水中有机物、酸碱度和温度的影响。

2. 常用消毒方法

（1）常量消毒法

根据水池、水塔或水井容积和消毒剂稀释要求，计算消毒剂量。按照先加入部分饮水进行稀释后，再投入水源进行消毒。应根据用水量大小决定日消毒次数，建议在取水前，每日消毒 2 次为宜。

（2）持续消毒法

由于养殖场多采用持续供水，一次性向池中投入消毒剂维持时间较短，且操作不易，因此可采用持续氯消毒法，即 1 次投药持续 10 ~ 20 d 有效消毒。将消毒剂用塑料袋或塑料桶等容器装好，剂量为常用量的 20 ~ 30 倍，先加入适量水调制糊状，根据用水量在塑料袋（桶）上打小孔若干，并悬挂至供水系统入水口处，消毒剂在水流作用下慢慢地从袋中释出。值得注意的是，一般在第一次使用时需进行试验，确保消毒剂在持续时间内完全释放，必要时需在使用过程中监测消毒效果。

（3）过量消毒法

过量消毒法是指一次加入量为常量消毒法的 10 倍以上，主要用于区域内发生介水传染病、水井修理或清洗、可能污染等情况。注意消毒后无明显氯味后使用。

第二节　饲料污染和控制

一、饲料中的有毒有害成分及控制

（一）硝酸盐和亚硝酸盐

1. 饲料来源及危害

蔬菜类、天然牧草、栽培牧草、树叶类等均含有硝酸盐。一般青饲料含硝酸盐，亚硝酸盐含量较低或没有。但如果氮肥施用过多、干旱后降雨、菜叶黄化的新鲜青饲料及青饲料长期堆放发热时，亚硝酸盐含量显著增加。反刍动物大量采食含硝酸盐高的青饲料易发生亚硝酸盐中毒，降低对碘的摄取、影响甲状腺机能，破坏胡萝卜素、干扰维生素的利用，引起母畜受胎率降低和流产。

2．控制措施

（1）精饲料补充料中亚硝酸盐（以 $NaNO_2$计）≤20 mg/kg。

（2）合理施用氮肥，以减少植物中硝酸盐的蓄积。

（3）注意饲料调制、饲喂及保存方法。菜叶类青饲料宜新鲜生喂，如要熟食需用急火快煮，现煮现喂；青饲料要有计划采摘供应，不要大量长期堆放，如需短时间贮放，应薄层摊开，放在通风良好处经常翻动，长时间保存需进行青贮发酵。青饲料如果腐烂变质严禁饲喂。

（4）饲喂硝酸盐含量高的饲料时，可适量搭配含碳水化合物高的饲料，以促进瘤胃的还原能力；在饲料中添加维生素A，可减弱硝酸盐毒性。

（二）氰苷

1．饲料来源及危害

生长期的玉米、高粱、苏丹草、木薯、箭筈豌豆等含氰苷，尤其是幼苗及再生苗含量较高。氰苷进入肉羊机体后，水解产生游离的氢氰酸，引起机体缺氧，表现为中枢神经系统机能障碍、呼吸中枢及血管运动中枢麻痹。若是中毒，病程短，严重时来不及治疗。

2．控制措施

（1）合理利用含氰苷的饲料。若使用玉米、高粱、苏丹草幼苗或再生苗等，须刈割后稍微晾干，使形成的氢氰酸挥发后再进行饲用。

（2）减毒处理。木薯去皮，用水浸泡，煮制时不加盖，后去汤汁，再用水浸泡；箭筈豌豆籽实炒熟或用水浸泡，换水一次。

（3）严格控制饲喂量，可先喂干草，再与其他饲草搭配饲喂。

（4）选用氰苷含量低的饲草品种。

（三）感光过敏物质

1. 饲料来源及危害

荞麦、苜蓿、三叶草、灰菜、野苋菜等饲草中含有感光物质，可引起感光过敏症。常见症状为皮肤上出现红斑性肿块、中枢神经系统和消化机能的障碍，严重时可导致死亡，常见于绵羊。

2. 控制措施

在食用含感光过敏物质的饲草时需与其他饲草搭配饲喂，并在饲喂后注意观察，适当调整比例，宜舍饲时饲喂。

（四）菜籽饼（粕）

1. 饲料来源及危害

菜籽饼（粕）是菜籽榨油后的副产物，粗蛋白含量较高，常用作蛋白质饲料原料。然而，菜籽饼（粕）含有单宁、植酸等抗营养因子和硫代葡萄糖苷及其降解产物异硫氰酸酯、噁唑烷硫酮等有毒物质，直接影响饲料适口性，降低采食量和营养物质利用率，危害动物身体健康。虽然全脂菜籽在炼油时，高温会使得分解硫苷的芥子酶活性丧失，但在动物体内仍然可以在后肠微生物的作用下分解硫甙，形成有毒物质，影响动物健康。

2. 控制措施

（1）可采用加热处理法、水浸泡法、氨或碱处理法、坑埋法等物理化学方法和酶处理、微生物发酵等生物处理方法对菜籽饼去毒处理后降低菜籽饼（粕）原料有毒有害成分，但需注意控制处理成本。

（2）严格控制饲喂量，与其他饼饲料搭配使用，日粮中占比不超过10%。

（3）异硫氰酸酯：羔羊精饲料补充料≤150 mg/kg，其他精饲料补充料≤1 000 mg/kg；噁唑烷硫酮≤2 500 mg/kg。

二、霉菌毒素对饲料的污染及防治

（一）来源及危害

霉菌种类较多，分布极广，可在农作物在大田收获时形成，也可在高温、高湿、阴暗、通风较差的环境下大量繁殖，引起饲料饲草腐烂变质。霉菌毒素是一种普遍存在饲料和原料中的抗营养因子，是毒素很强的霉菌次生代谢产物，在适宜条件下产生，引起动物急性或慢性中毒，损害动物肝脏、肾脏、神经组织、造血组织及皮肤组织等，严重时可能致死。据统计，已知的霉菌毒素有300多种，常见的毒素有：黄曲霉毒素、玉米赤霉烯酮、赭曲霉毒素、T2毒素、呕吐毒素、伏马毒素等。

（二）控制措施

1. 利用合理耕作、灌溉和施肥，适时收获来降低霉菌对植物性饲料原料及饲草的侵染和毒素的产生。

2. 采取降低植物源饲料及饲草含水量、贮藏温度以及使用熏蒸剂、防霉剂，控制粮堆气体成分等防霉方式，改进贮藏、加工方式等措施来减少霉菌毒素的污染。

3. 加强霉菌污染检测和检验，严格控制饲料饲草来源。可利用碱炼法、活性白陶土和凹凸棒黏土或高龄土等吸附法、紫外光照法、山苍子油熏蒸法等化学、物理学、微生物方法去除污染的霉菌毒素。

4. 羊饲料中霉菌毒素限量详见下表。

表 4－1 羊饲料中霉菌毒素限量表

饲料	黄曲霉毒素 B1	赭曲霉毒素 A	玉米赤霉烯酮	呕吐毒素	伏马毒素（B1＋B2）
单位	μg/kg	μg/kg	mg/kg	mg/kg	mg/kg
玉米加工产品	≤50	≤100	≤0.5	≤5	≤60
其他植物性饲料原料	≤30	≤100	≤1	≤5	≤60
羔羊精饲料补充料	≤20	≤100	≤0.5	≤1	≤20
泌乳期精饲料补充料	≤10	≤100	≤0.5	≤1	≤50
其他精饲料补充料	≤30	≤100	≤0.5	≤3	≤50

三、农药对饲料的污染及防治

（一）来源及危害

农作物中残留的农药可在动物体内积累而形成毒害。有机氯杀虫剂可损害运动中枢、肝脏和肾脏。有机磷杀虫剂可引起神经传导功能紊乱，出现瞳孔缩小、流涎、抽搐，最后因呼吸衰竭而死亡。氨基甲酸酯类杀虫剂能产生抗药性，并产生致畸、致癌等病变。拟除虫菊酯类杀虫剂可导致肌肉持续收缩、脊髓中间神经元和周围神经的兴奋性增强。

（二）控制措施

1. 选用高效、低毒、低残留农药，制定农药残留极限和安全间隔期，控制施药量、浓度、次数和采用合理的施药方法可有效降低饲料中的农药残留。

2. 严格执行饲料中农药残留标准，植物源饲料原料和精饲料补充料多氯联苯≤10 μg/kg，六六六≤0. 2 mg/kg，滴滴涕≤0. 05 mg/kg，六氯苯≤0. 01 mg/kg。

四、重金属对饲料的污染及控制

（一）来源及危害

饲用植物产区特殊的自然地质化学条件，农田施肥、污水灌溉以及农药施用不当，配合饲料生产时酸性物质添加不当，含有镉的专用驱虫剂或杀菌剂、矿物添加剂、饲用磷酸盐类、饲用碳酸盐脱毒处理不合理均可造成饲料重金属元素含量超标。

（二）控制措施

1. 加强管理

加强工业环保治理，禁止含重金属有毒物质的化肥、农药的施入，严格控制污泥中重金属元素含量，禁止用重金属污染的水灌溉农作物可有效从源头上对重金属进行控制。

2. 减少迁移

对受到重金属污染的土壤采取施加石灰、碳酸钙、磷酸盐等改良剂，多施农家肥促进重金属元素的还原作用，可减少重金属向植物中的迁移。

3. 加强饲料生产管理

可通过禁止使用含重金属的饲料加工机械、容器和包装材料，严格控制配合饲料、添加剂预混料和饲料原料中有毒重金属的含量，加强饲料卫生监督检测等措施加强饲料生产管理。总砷：干草及其加工产品、精饲料补充料≤4 mg/kg；铅：饲草、粗饲料及其加工产品≤30 mg/kg，精饲料补充料≤8 mg/kg；汞：≤0.1 mg/kg；镉：植物性饲料原料≤1 mg/kg，羔羊精饲料补充料≤0.5 mg/kg，其他精饲料补充料≤1 mg/kg；镉≤5 mg/kg；氟：原料≤150 mg/kg，精饲料补充料≤50 mg/kg。

第三节　羊场生物隔离控制

羊场生物隔离控制主要针对虫害、鼠害、鸟类，其主要危害是污染饲料和饮水、传播疾病、污染环境、破坏养殖场建筑物、设施设备和物品等。

一、鼠害

（一）建筑防鼠

羊舍采用水泥墙基，灰浆抹缝，平直光滑墙面，圆弧形墙角，设立防鼠沟，建好防鼠墙；砌实墙体上部与天棚衔接处，填补抹平空心墙体；舍内铺设混凝土地面，门窗、管道周围填平水泥；通气孔、地脚窗、排水沟出口安装孔径小于1 cm的铁丝网。重要设备安装防鼠网。

（二）环境防鼠

妥善保管羊场饲料，及时清理散落、残余饲料，舍内物品整齐放置，监控好羊场周围的环境卫生，减少鼠的隐蔽场所，堵塞鼠通道。

（三）灭鼠

1．器械灭鼠

器械灭鼠具有简单易行、使用方便的优点，常用于较小范围内的鼠害防治。常用的灭鼠器械有鼠夹、鼠笼、粘鼠板、电子捕鼠器、超声波驱鼠器等。

2. 化学灭鼠

化学灭鼠是指使用急性杀鼠剂、慢性杀鼠剂、熏蒸剂、驱鼠剂和绝育剂等化学药物灭鼠。化学灭鼠具有效率高、成本低、见效快等优点，但需防止人、畜中毒。选用鼠类常吃食物作饵料，突然投放，效果更佳。及时清理鼠尸，以防发生二次中毒。可在羊舍空舍消毒时进行灭鼠。舍内投放毒饵需在外出放牧或运动时进行，归舍前撤除，以保证肉羊安全。饲料库可用熏蒸剂进行毒杀。

3. 中草药灭鼠

中草药灭鼠是指采用山管、天南星、狼毒等中草药灭鼠。它具有取材方便、成本低、污染小的优点，但因其有效成分含量低，杂质多，适口性较差，具有一定的局限性。

4. 生物灭鼠

生物灭鼠是指利用鼠类天敌进行灭鼠。

（四）综合治理

由于鼠类具有在较大范围内迁移的能力，应采取多种方法相结合的综合治理法来防治鼠害。根据鼠害特点，在羊场内立体灭鼠，同时，可在养殖场周边 500 m 范围内充分利用鼠的天敌进行灭鼠。

二、有害昆虫防治

（一）防虫

1. 羊舍外防虫

定时清扫、清理污物，并消毒，填平场内积水坑、洼地，保持羊场环境干燥卫生；排污管道采用暗沟，定期清理疏通；

粪污及时进行无害化处理，隔断蚊蝇滋生的环境条件。

2. 羊舍内防虫

加强日常饲养管理，及时清除羊舍内粪尿、污水，采用干清粪工艺，减少污水的产生，并保持舍内干燥卫生。

（二）灭虫

1. 物理灭虫

物理灭虫是指用火焰喷灯烧杀墙壁缝隙、设备用具和垃圾等处害虫，用沸水或蒸汽烧烫畜禽圈舍、运输车辆和工作人员衣物上的昆虫或虫卵。有害昆虫聚集数量较多时，可选用电子灭蝇灯。

2. 化学灭虫

化学灭虫是指选用低毒高效、广谱多用、无害、长效低残留、不易产生抗药性的化学杀虫剂喷洒在羊场、舍内外有害昆虫生境、滋生地。常用的化学杀虫剂有溴氰菊酯类杀虫剂、倍硫磷、马拉硫磷等。化学灭虫是目前应用最广、使用最多的杀虫法，具有使用方便、见效快、可大量生产等优点，但存在抗药性、污染环境等问题。

3. 生物防虫

生物防虫是指结合羊场污水处理，利用有害昆虫的天敌灭虫。可利用池塘养鱼，蛙类、蝙蝠、蜻蜓等杀灭蚊蝇，应用细菌制剂－内菌素杀灭血吸虫的幼虫，利用微生物防治害虫。

三、鸟类

羊场重点在于加强饲草料库鸟类防治，防止鸟类接触饲料。通过加装筛网防止鸟类进入养殖舍，并保持良好维护，也可在养殖棚入口处加装塑料条防止鸟类进入。

第四节　卫生消毒与防疫

一、羊场消毒

羊场消毒可分为常规预防消毒及疫情紧急消毒等，消毒应程序合理、操作规范。常规预防消毒主要包括全进全出空栏消毒、带羊消毒、羊场环境消毒、羊舍单元员工进出消毒、出入生产线更衣与消毒、羊场进出车辆及人员消毒、完善入口喷雾及消毒池等。消毒要彻底、不留死角；消毒剂用法用量严格按产品说明书使用，防止乱用、滥用，避免浪费和对环境的污染，根据消毒目的适当选用消毒剂，并检查消毒剂的有效保存期。未发生传染病时，每隔 2 ~ 3 d 对场内的物品、羊舍及环境、动物和人等进行消毒，这要求养羊场建立长期坚持的消毒制度。在发生传染病时，及时清除并消毒场内患病与病死动物及其污染，所有环境和物品临时消毒需增加强度，至少每天 1 ~ 3次。在疫情平息且最后一只传染病羊无害化处理后，全面彻底消毒，清除所有可能污染。

（一）常规预防消毒

1. 羊场入口消毒

规模羊场设置长度为进出车辆车轮周长 2 倍以上的车辆消毒池，内置 2% ~4% 氢氧化钠溶液，每周更换 3 次。大门一侧设更衣消毒室，配备喷雾消毒装置。

2. 生产区消毒

制定场区内卫生防疫消毒制度，严格按要求执行。在大风、大雾、大雨过后对羊舍及周围环境进行 1 ~2 次严格消毒。每周对整个生产区进行 1 次消毒，可用火碱加生石灰水喷洒消毒。

3. 羊舍消毒

(1) 空舍消毒

羊舍清扫冲洗干净后，用 10% ~20% 的石灰乳、30% 漂白粉、0.5% ~1% 菌毒敌、0.5% ~1% 二氯异氰尿酸钠、0.5% 过氧乙酸等喷雾消毒圈舍、地面、墙壁、天花板，然后开门窗通风。用清水刷洗饲槽、用具等，除去药味。具有密闭条件的羊舍还可采用熏蒸方法来消毒：关闭门窗后，用福尔马林熏蒸消毒 12 ~24 h，然后开窗 24 h，以 12.5 ~50 mL/m^2 的福尔马林加等量水加热蒸发来进行操作，在没有热源的情况下，可加入等量的高锰酸钾产生高热蒸汽。育肥羊出栏后，先用 0.5% ~1% 菌毒杀对羊舍消毒，再清除羊粪，然后用 3% 火碱水喷洒舍内地面，0.5% 的过氧乙酸喷洒墙壁。打扫完羊舍后，用 0.5% 过氧乙酸或 30% 漂白粉等交替多次消毒，每次间隔 1 d。

(2) 产房和隔离舍消毒

产羔前进行 1 次，产羔高峰时进行多次，产羔结束后再进行 1 次。在病羊舍、隔离舍的出入口处放置浸有消毒液的麻袋片或草垫，消毒液可用 2% ~4% 氢氧化钠（对病毒性疾病），或用 10% 克辽林溶液（对其他疾病）。

(3) 带羊消毒

带羊消毒常用喷雾消毒法，常用的药物有 0.2% ~0.3% 过氧乙酸，每立方米空间用药 20 ~40 mL，也可用 0.2% 次氯酸钠溶液或 0.1% 新洁尔灭溶液。消毒时从羊舍的一端开始，边喷雾边匀速走动，使舍内各处喷雾量均匀。为了减少对工作人员的刺激，在消毒时可配戴口罩。本消毒方法全年均可使用，一般情况下每周消毒 1 ~2 次。春秋疫情常发季节，每周消毒 3 次。有疫情发生时，每天消毒 1 ~ 2 次。带羊消毒时可以选择用 3 ~5 种消毒药交替进行使用。

4. 人员消毒

生产人员应经常保持个人卫生，定期进行人畜共患病检查，并进行免疫接种，如发现患有危害肉羊及人的传染病者，应及时调离，以防传染。

5. 用具和垫料消毒

水槽、料槽、饲料车等用具定期消毒。一般采用方法是将其清洗干净、喷洒消毒后放在密闭室内进行福尔马林熏蒸。喷洒用消毒剂可选用 0.1% ~0.15% 百菌灭、0.2% 益康溶液、0.1% 强力消毒灵溶液、0.25% 络合碘溶液、0.1% 新洁尔灭或 0.2% ~0.5% 过氧乙酸。

若场内使用垫料消毒可以通过阳光照射的方法进行，将垫草等放在烈日下暴晒 2 ~3 h。

（二）发生传染病时的消毒

1. 一般消毒程序

用 5% 氢氧化钠或 10% 的石灰乳溶液对场内道路、羊舍周围喷洒消毒，每天 1 次；用 15% 漂白粉、5% 氢氧化钠溶液等喷洒羊舍地面、围栏每天 1 次；用 1：400 的益康溶液、0.3% 农家福或 0.5% ~1% 过氧乙酸溶液喷雾进行带羊消毒，每天 1 次。羊粪、粪池、垫草及其他污物采用化学或生物热消毒；出入口消毒池采用 5% 氢氧化钠溶液消毒液（每周更换 1 ~2 次）

或紫外线照射消毒。用具、设备、车辆等用15%漂白粉溶液、5%氢氧化钠溶液喷洒消毒。疫情结束后，进行全面消毒1～2次。

2. 污染场所及污染物消毒

发生疫情后被污染（或可能被污染）的场所和污染物的消毒方法见表4－2。

表4－2 污染场所及污染物消毒方法

消毒对象	消毒方法	消毒剂种类或用具	用量和时间	
			细菌性传染病	病毒性传染病
空气	熏蒸消毒	福尔马林（加热法）	25 mL/m^3, 12 h	同细菌性传染病
	喷雾消毒	2% 过氧乙酸（20℃）	1 g/m^3, 1 h	3 g/m^3, 90 min
		过氧乙酸	0.2%～0.5%, 30 mL/m^2, 30～60 min	0.5%, 1～2 h
		漂白粉澄清液	——	5%, 1～2 h
		3%来苏儿	30 mL/m^2, 30～60 min	——
	辐射消毒	紫外线照射 0.06 w/m^2		——
成形粪便	撒布和拌合消毒	10%～20%漂白粉	2倍量，2～4 h	2倍量，6 h
稀便	撒布和拌合消毒	10%～20%漂白粉	1/5量，粉2～4 h	1/5量，粉2～4 h
分泌物（鼻涕、唾液、穿刺脓、乳汁汁液）	撒布和拌合消毒	漂白粉	等量10%漂白粉或1/5量干粉，1 h	等量10%～20%漂白粉或1/5量干粉，2～4 h
		过氧乙酸	等量0.5%过氧乙酸，30～60 min	等量0.5%～1%过氧乙酸，30～60 min
		来苏儿	等量3%～6%来苏儿，1 h	——

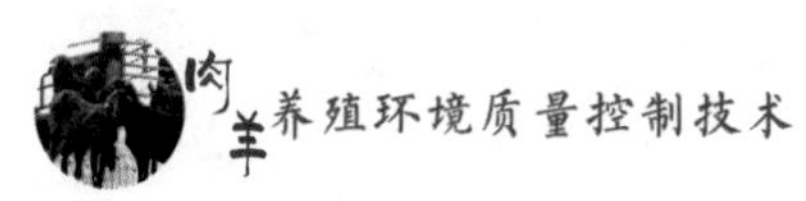

（续表4-2）

消毒对象	消毒方法	消毒剂种类或用具	用量和时间	
			细菌性传染病	病毒性传染病
污染草料与粪便	高温消毒	集中焚烧	——	
圈舍四壁	喷雾消毒	2%漂白粉澄清液	200 mL/m^3，1~2 h	
圈舍及运动场地面	撒布消毒	漂白粉	20~40 g/m^2，2~4 h	
	喷洒消毒	1%~2%氢氧化钠溶液、5%来苏儿溶液	1 000 mL/m^3，6~12 h	方法同细菌性传染病，浓度和时间稍大
	喷雾消毒	0.2%~0.5%过氧乙酸、3%来苏儿	1~2 h	
	熏蒸消毒	福尔马林（加热法）	12.5~25 mL/m^3，12 h	
		2%过氧乙酸	1 g/m^3，6 h	
饲槽、水槽、饮水器等	浸泡消毒	过氧乙酸	0.5%，30~60 min	同细菌性传染病
		漂白粉澄清液30~60 min;	1%~2%，30~60 min	3%~5%，50~60 min
		季铵盐类消毒剂	0.5%，30~60 min	——
		氢氧化钠热溶液	1%~2%，6~12 h	2%~4%，6~12 h
运输工具	喷雾或擦拭消毒	过氧乙酸	0.2%~0.3%，30~60 min	0.5%~1%，30~60 min
		漂白粉澄清液	1%~2%，30~60 min	5%~10%，30~60 min
		来苏儿	3%，30~60 min	5%，1~2 h
		季铵盐	0.5%，30~60 min	——

（续表4－2）

消毒对象	消毒方法	消毒剂种类或用具	用量和时间	
			细菌性传染病	病毒性传染病
工作服、被服、衣物织品等	高压蒸汽消毒	高压蒸汽灭菌锅	121 ℃，15～20 min	121 ℃，30～60 min
	煮沸消毒	加0.5%肥皂水	15 min	15～20 min
	熏蒸消毒	福尔马林	25 mL/m³，12 h	同细菌性传染病
		环氧乙烷	2.5 g/L，2 h	同细菌性传染病
		过氧乙酸	1 g/m³，20 ℃，60 min	1 g/m³，20 ℃，90 min
	浸泡消毒	漂白粉澄清液	2%，30～60 min	2%，1～2 h
		过氧乙酸	0.3%，30～60 min	同细菌性传染病
		来苏儿	3%，30～60 min	——
		碘伏	0.02%，10 min	0.03%，15 min
接触病畜禽人员手消毒	浸泡或擦拭消毒	碘伏	0.02%，2 min，清水冲洗	0.05%，2 min，清水冲洗
		过氧乙酸	0.2%，2 min	0.5%，清水冲洗
		75%酒精棉球	擦拭5 min	——
		0.1%新洁尔灭	浸泡5 min	——
污染办公用品（书、文件）	熏蒸消毒	环氧乙烷	2.5 g/L，2 h	同细菌性传染病
		福尔马林	25 mL/m³，12 h	同细菌性传染病
医疗器材、用具等	高压蒸汽消毒	高压蒸汽灭菌	121 ℃，30 min	同细菌性传染病
	煮沸消毒		15 min	30 min
	浸泡消毒	过氧乙酸	0.2%～0.3%，60 min	0.5%，60 min
		漂白粉澄清液	1%～2%，60 min	5%，60 min
		碘伏	0.01%，5 min	0.05%，10 min
	熏蒸消毒	福尔马林	50 mL/m³，1 h	——

3. 皮毛消毒

目前皮毛消毒广泛利用环氧乙烷气体消毒法。此法对细菌、病毒、霉菌及皮毛产品中的炭疽芽孢均有良好的消毒效果。消毒时必须在密闭的专用消毒室或密闭良好的容器（常用聚乙烯或聚氯乙烯薄膜制成的篷布）内进行。因环氧乙烷蒸汽有毒且遇明火会引起爆炸，操作时必须注意安全。

4. 发生 A 类传染病时的消毒

（1）疫情发生时的消毒

①对死畜和宰杀的畜、畜舍、畜粪进行终末消毒。对发病养殖场或所有病畜停留或经过的圈舍用20%漂白粉溶液（澄清溶液含有效氯5%以上，1 000 g/m^2）或10%火碱溶液、5%甲醛溶液等全面消毒。所有的粪便和污物清理干净并焚烧。器械、用具等可用5%火碱或5%甲醛溶液浸泡。

②对划定的动物疫区内畜禽类密切接触者，在停止接触后应对其及其衣物进行消毒。

③对划定的动物疫区内的饮用水应进行消毒处理，对流动水体和较大水体等消毒较困难者可以不消毒，但应严格进行管理。

④对划定的动物疫区内可能污染的物体表面在出封锁线时进行消毒。

⑤必要时对畜舍的空气进行消毒。

（2）疫病病原感染人情况下的消毒

①加强对疫点、疫区现场消毒的指导，进行消毒效果评价。

②对病人的排泄物、病人发病时生活和工作过的场所、病人接触过的物品及可能污染的其他物品进行消毒。

③对病人诊疗过程中可能的污染按要求进行消毒。

二、羊场防疫

（一）防疫理念

树立“养重于防，防重于治，养防并举，综合防治”的防疫理念，包括严格检疫、严防新病引入，正确诊断和科学监测疫情，全方位推进生物安全体系（规范消毒、全进全出、污染治理、禁止动物混养、灭四害等生物媒介），加强饲养管理（改善通风透气等圈舍条件、合理免疫、避免应激、科学营养、定期驱虫，提高猪群抵抗力），建立科学的药物使用方案，尤其是不滥用抗生素。

（二）疫病防控

按照《无公害食品肉羊饲养兽医防疫准则》（NY 5149）的规定执行兽医防疫。按照《无公害食品肉羊饲养管理准则》（NY/T 5151）的规定定期对羊舍、器具及环境进行消毒。按照《无公害农产品兽药使用准则》（NY/T 5030）的规定使用兽药。按照《羊寄生虫病防治技术规范》（GB/T 9526）的要求定期驱虫。常见驱虫药物及其使用方法、常用药物停药期规定、食品动物禁止使用的兽药及其他化合物清单见表4－3、表4－4、表4－5。

表4－3　常见驱虫药物及其使用方法

名称	制剂	用法与用量	针对寄生虫种类
阿苯达唑	片剂	内服，10～15 mg/kg 体重	线虫和绦虫
氯氰碘柳胺钠	片剂	内服，5 mg/kg 体重	线虫、绦虫，吸虫及体表寄生虫
	注射液	皮下或肌肉注射，2.5～5 mg/kg体重	
	混悬液	内服，5 mg/kg 体重	

(续表4-3)

名称	制剂	用法与用量	针对寄生虫种类
伊维菌素	注射液	皮下注射，0.02 mL/kg 体重	线虫和体表寄生虫
	粉剂	每克拌料 10 kg	
吡喹酮	片剂、粉剂	5 mg/kg 体重	吸虫和绦虫
芬苯达唑	片剂、粉剂	5~7.5 mg/kg 体重	线虫和绦虫
氯硝柳胺（驱绦灵）	片剂、粉剂	100 mg/kg 体重	绦虫
硫双二氯酚	片剂、粉剂	75~150 mg/kg 体重	绦虫和前后盘吸虫
硝氯酚	片剂、粉剂	3~5 mg/kg 体重	吸虫
三氮脒	注射用粉剂	肌肉注射，3~5 mg/kg 体重	血液原虫如焦虫
双甲脒	溶液	药浴、喷洒、涂擦，配成 0.025%~0.05%乳液	螨、蜱
溴酚磷	片剂、粉剂	内服，12~16 mg/kg 体重	吸虫
溴氰菊酯	溶液	药浴，5~15 mg/L 水	蜱、螨

注：各种驱虫药物使用方法详见药物说明书。

表4-4　部分兽药停药期规定（农业农村部公告〔2003〕第278号）

序号	兽药名称	执行标准	停药期
1	土霉素片	《中华人民共和国兽药典》2000版	羊7日
2	土霉素注射液	部颁标准	羊28日
3	双甲脒溶液	《中华人民共和国兽药典》2000版	羊21日
4	巴胺磷溶液	部颁标准	羊14日
5	甲基前列腺素 F2a 注射液	部颁标准	羊1日

（续表4－4）

序号	兽药名称	执行标准	停药期
6	亚硒酸钠维生素E注射液	《中华人民共和国兽药典》2000版	猪28日
7	亚硒酸钠维生素E预混剂	《中华人民共和国兽药典》2000版	羊28日
8	伊维菌素注射液	《中华人民共和国兽药典》2000版	羊35日
9	地塞米松磷酸钠注射液	《中华人民共和国兽药典》2000版	羊21日
10	安乃近片	《中华人民共和国兽药典》2000版	羊28日
11	安乃近注射液	《中华人民共和国兽药典》2000版	羊28日
12	安钠咖注射液	《中华人民共和国兽药典》2000版	羊28日
13	芬苯哒唑片	《中华人民共和国兽药典》2000版	羊21日
14	芬苯哒唑粉	《中华人民共和国兽药典》2000版	羊14日
15	阿苯达唑片	《中华人民共和国兽药典》2000版	羊4日
16	阿维菌素片	部颁标准	羊35日，泌乳期禁用
17	阿维菌素注射液	部颁标准	羊35日，泌乳期禁用
18	阿维菌素粉	部颁标准	羊35日，泌乳期禁用
19	阿维菌素胶囊	部颁标准	羊35日，泌乳期禁用
20	注射用苄星青霉素	兽药规范78版	羊4日
21	注射用乳糖酸红霉素	《中华人民共和国兽药典》2000版	羊3日

（续表4－4）

序号	兽药名称	执行标准	停药期
22	注射用苯唑西林钠	《中华人民共和国兽药典》2000 版	羊 14 日
23	注射用盐酸土霉素	《中华人民共和国兽药典》2000 版	羊 8 日
24	注射用盐酸四环素	《中华人民共和国兽药典》2000 版	羊 8 日
25	注射用硫酸双氢链霉素	《中华人民共和国兽药典》90 版	羊 18 日
26	注射用硫酸链霉素	《中华人民共和国兽药典》2000 版	羊 18 日
27	复方磺胺嘧啶钠注射液	《中华人民共和国兽药典》2000 版	羊 12 日
28	枸橼酸哌嗪片	《中华人民共和国兽药典》2000 版	羊 28 日
29	恩诺沙星注射液	《中华人民共和国兽药典》2000 版	羊 14 日
30	氧阿苯达唑片	部颁标准	羊 4 日
31	盐酸左旋咪唑	《中华人民共和国兽药典》2000 版	羊 3 日，泌乳期禁用
32	盐酸左旋咪唑注射液	《中华人民共和国兽药典》2000 版	羊 28 日，泌乳期禁用
33	盐酸赛拉嗪注射液	《中华人民共和国兽药典》2000 版	羊 14 日
34	维生素 E 注射液	《中华人民共和国兽药典》2000 版	羊 28 日
35	奥芬达唑片（苯亚砜哒唑）	《中华人民共和国兽药典》2000 版	羊 7 日
36	普鲁卡因青霉素注射液	《中华人民共和国兽药典》2000 版	羊 9 日
37	氯硝柳胺片	《中华人民共和国兽药典》2000 版	羊 28 日

（续表4－4）

序号	兽药名称	执行标准	停药期
38	硝碘酚腈注射液（克虫清）	部颁标准	羊30日，弃奶期5日
39	碘硝酚注射液	部颁标准	羊90日，弃奶期90日
40	碘醚柳胺混悬液	《中华人民共和国兽药典》2000版	羊60日，泌乳期禁用
41	醋酸氟孕酮阴道海绵	部颁标准	羊30日，泌乳期禁用
42	磺胺嘧啶钠注射液	《中华人民共和国兽药典》2000版	羊18日
43	磷酸左旋咪唑片	《中华人民共和国兽药典》90版	羊3日，泌乳期禁用
44	磷酸左旋咪唑注射液	《中华人民共和国兽药典》90版	羊28日，泌乳期禁用
45	磷酸哌嗪片（驱蛔灵片）	《中华人民共和国兽药典》2000版	羊28日

表4－5　食品动物禁止使用的药品及其他化合物清单

（农业农村部公告〔2019〕第250号）

序号	兽药及其他化合物名称
1	酒石酸锑钾（Antimonypotassiumtartrate）
2	β－兴奋剂类（β－agonists）及其盐、酯及制剂：克仑特罗（Clenbuterol）、沙丁胺醇（Salbutamol）、西马特罗（Cimaterol）
3	各种汞制剂包括：氯化亚汞（甘汞）（Calomel），硝酸亚汞（Mercurous nitrate）、醋酸汞（Mercurous acetate）、吡啶基醋酸汞（Pyridylmercurous acetate）
4	毒杀芬（氯化烯）（Camahechlor）
5	卡巴氧（Carbadox）及其盐、酯
6	呋喃丹（克百威）（Carbofuran）

（续表4－5）

序号	兽药及其他化合物名称
7	氯霉素（Chloramphenicol）及其盐、酯（包括：琥珀氯霉素 Chloramphenicol Succinate）及制剂
8	杀虫脒（克死螨）（Chlordimeform）
9	氨苯砜（Dapsone）
10	硝基呋喃类：呋喃唑酮（Furazolidone）、呋喃它酮（Furaltadone）、呋喃苯烯酸钠（Nifurstyrenate sodium）及制剂
11	林丹（丙体六六六）（Lindane）
12	孔雀石绿（Malachitegreen）
13	具有雌激素样作用的物质：玉米赤霉醇（Zeranol）、去甲雄三烯醇酮（Trenbolone）、醋酸甲孕酮（Mengestrol Acetate）及制剂
14	安眠酮（Methaqualone）及制剂
15	硝呋烯腙（Nitrovin）
16	五氯酚酸钠（Pentachlorophenolsodium）
17	硝基咪唑类：洛硝达唑（Ronidazole）、替硝唑（Tinidazole）及其盐、酯及制剂
18	硝基酚钠（Sodium nitrophenolate）
19	己二烯雌酚（Dienoestrol）己烯雌酚（Diethylstilbestrol）己烷雌酚（Hexoestrol）及其盐、酯及制剂
20	锥虫胂胺（Tryparsamide）
21	万古霉素（Vancomycin）及其盐、酯

第五节　羊场环境综合控制技术

传统的养殖模式难以实现对羊舍环境进行精准监控，依靠简单的人工管理远远满足不了大规模养殖的需求，因此，针对集约化肉羊养殖可通过建立肉羊智能环境控制平台实现羊场环境综合控制。该技术利用物联网技术，围绕设施化智能化养殖场生产和管理环节，通过智能传感器在线采集养殖场环境信息，实现羊舍环境的远程控制，有益于羊的生长环境，消除或避免有害因素影响，创造提高养羊场的现代化管理水平和生产效率。

一、系统总体结构

肉羊智能环境控制平台提供给养殖场（牧场）定位及无线通信、设备（自动化）、环境（安全监控、温度监控等）全面感知，并通过网络实现全面覆盖，同时还具备直观形象的应用，最终在控制中心全面展示及控制。硬件部分底层通过终端节点采集环境数据发送到协调器，协调器接收数据并通过串口将数据发送至上位机服务器。浏览器通过 IP 访问请求服务端的数据，服务器响应请求返回数据，并将真实的数据采集情况动态、实时反映到前端界面。系统正常工作的情况下，能够在网页上查看羊舍数据，并将数据显示出来，以更好地掌握羊舍环境的变化，实现采用无线传感方式，实现硬件无线收发。

二、主要模块组成

环境监控系统由信息采集、智能调控和管理平台 3 个主要模块组成。

（一）信息采集模块

二氧化碳、氨氮、硫化氢、温度、湿度的自动检测、传输和接收。主要通过传感器进行数据采集。传感器节点构成羊舍环境系统监测的基本组成单元。传感器具备功耗小、成本低、体积小等特点，可实时采集舍内的环境数值，并上传至采集终端。实现养殖舍内环境参数（包括温度、湿度、光照强度、视频等）信号的自动监测、采集、传输与预警。可选用数字温湿度传感器、光敏传感器、电化学传感器监测羊舍内温湿度、光照度和氨气浓度。二氧化碳传感器采用检测二氧化碳浓度的气体传感器，主要利用非色散红外原理检测空气中的二氧化碳，测量结果精度高、能耗低，且能够实现多种输出方式。

（二）智能调控模块

对接羊舍现有智能化装备，根据管理平台模块分析预警情况，调整设备使用情况，如风机－湿帘、保温系统、清粪系统等，实现羊舍环境的远程自动控制，提升养殖生产效率。信息化智能平台如图4－1所示。

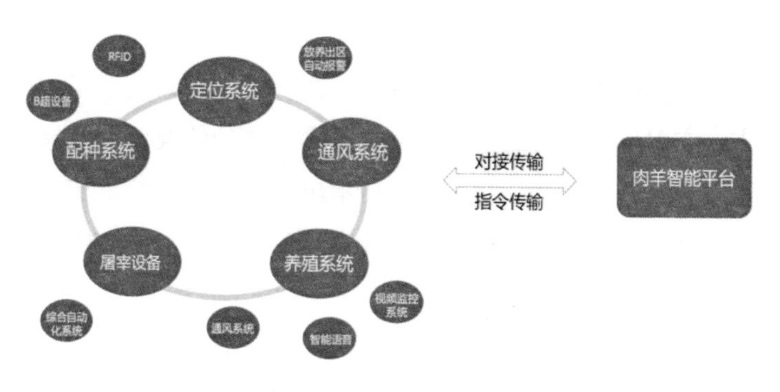

图4－1　信息化智能平台

（三）管理平台模块

采集信号数据的存储、分析、管理，环境阈值设置，智能分析与预警。

第五章　羊舍环境质量控制

随着肉羊养殖产业集约化、规模化程度提高，养殖密度增大，带来的疫病防控的压力也大幅提高，环境因素对动物的影响通常占20%～30%。恶劣的环境可使羊生产性能下降，增加饲养成本，还可诱发多种疾病，甚至造成羊只死亡。因此，环境条件成为影响肉羊健康和生产效率的重要因素，也成为充分发挥肉羊生产潜能的必要条件，环境控制技术的应用对肉羊产业的健康绿色发展尤为重要。

影响肉羊生产的环境指标有温度、湿度、通风、光照、噪声、水、土壤和生物安全等。

第一节　温湿度控制

一、温度控制

羊汗腺不发达，散热机能差，具有喜干怕湿热的特性，因而，羊舍内适宜的温度为5～25 ℃。肉羊只有在适当的温度下才能充分发挥其生产性能，如果温度过高或过低，生产水平都会下降，甚至会危及肉羊的健康和生命。当温度过低时，肉羊采食的大部分饲料用于维持体温抵御寒冷，而用于生长发育的饲料则相对减少，导致肉羊脂肪损失，饲料浪费，羔羊成活率下降，甚至造成羊冻伤；当温度过高时，会使羊场内病原微生物大量滋生，也容易导致羊热应激，免疫力降低，生产性能下降或疾病发生的现象。此外，高温会使公羊精子活力下降，畸形精子数量上升；还直接影响母羊着床期的受精卵发育，造成胚胎死亡，受到高温影响的妊娠期母羊，其羔羊多为弱仔，死亡率高。持续高温天气还会引发羊呼吸道和消化道疾病，有的羊甚至会中暑，严重者可导致死亡。因此，控制环境温度尤为重要。

控制羊舍温度即采取有效措施克服自然季节性温度的影响，保持适合肉羊生长发育的温度范围，消除或减轻高温对肉羊的不利影响，以减少经济损失。羊舍的位置和布局应合理，要做好羊舍的通风，通过增加羊舍内外空气的交换，达到降温的目的。在羊场和羊舍周围种植绿带，遮挡和吸收热量，减少太阳辐射。在夏季，新建羊场可在运动场及在羊舍上方可使用遮阳网搭建成遮阳棚，所建的遮阳棚的高度要高出羊舍 1 m 以上，这样可以起到更好的防暑、降温效果和降低设施对通风的阻力。遮阳棚应具有坡度，有利于清除落在上面的杂物。在炎热的季节，当环境温度过高，简单的通风和遮阳不能起到有效的降温时，为了减轻高温对肉羊健康和生产性能的影响，需要采取冷水喷雾消毒，安装湿帘、风扇、空调等降温措施。当冬季天气相对寒冷时，要做好防寒保温工作。冬季羊舍温度不能低于 0 ℃，羔羊舍不能低于 10 ℃。如果羊场和羊舍的设计合理，基本上可以利用羊体自身产生的热量来维持适当温度。但羔羊的体温调节能力较差，在寒冷季节应采取保暖措施，应在入冬前做好防寒工作。

二、湿度控制

肉羊正常生长发育过程中对湿度有一定要求，一般羊舍的相对湿度为55%～60%，最高不超过75%，湿度过高、过低都会影响肉羊的生长发育。羊舍的相对湿度直接影响羊自身产热。一般来说，温度适宜时，湿度对肉羊体温的影响相对较小；但相对湿度差，会加重高温或低温对肉羊的危害。肉羊处于高温高湿条件下，容易出现热应激反应，采食量、日增重和饲料利用率都会显著下降，持续时间长容易引起呼吸困难、体温升高，甚至机体功能失调直至死亡。潮湿环境利于微生物繁殖，羊容易患疥癣、湿疹、腐蹄病以及呼吸道疾病等。肉羊排出的粪尿和污水，如果不及时清除就会导致羊舍潮湿，导致羊的抗病力降低，发病率增加，造成传染病的蔓延，甚至加重病情。若羊舍空气过于干燥，再加以高温，肉羊皮肤和外露黏膜干裂，减弱皮肤和外露黏膜对病原微生物的抵抗能力，容易引发疾病。肉羊喜欢干燥的空气环境，羊场应该建在干燥的地方，尽量避免羊舍内出现高湿现象；做好防潮保暖工作，避免水汽凝结；尽可能减少室内清洗、冷却时的用水量，及时清除粪便、尿液和污水，避免室内大量储存；做好室内通风换气，及时排出水分。羊舍温湿度质量环境要求见表5－1。

表5－1　羊舍温湿度质量环境要求

生长阶段	适宜温度/℃	相对湿度/%
0～45 d 羔羊	10～25	30～60
怀孕母羊	10～23	30～50
哺乳母羊	15～22	30～50
育肥羊	5～25	30～70

三、温湿度指数

生产上通常采用温湿度指数（Temperature and humidity index，THI）作为评价热应激的常用指标，将 THI 的临界值设定为 68。一般认为，THI >68 时，动物开始出现热应激反应；72 <THI <79 时，动物出现轻度热应激反应；79 <THI <88 时，动物出现中度热应激反应；THI >88 时，动物则处于严重的热应激状态。因此，可在羊舍的前、中、后部分别挂一个干湿温度计，以便随时观察羊舍内的温湿度指数是否超过了临界值，再决定是否采取降湿措施或启用相应设备。羊舍温湿指数对比见表 5 -2。

表 5 -2　羊舍温湿指数对比表

温度＼湿度	30%	35%	40%	45%	50%	55%	60%	65%	70%	75%	80%	85%	90%	95%	100%
15	58.6	58.6	58.7	58.7	58.8	58.8	58.8	58.9	58.9	58.9	59.0	59.0	59.0	59.1	59.1
16	59.7	59.8	59.9	60.0	60.1	60.1	60.2	60.3	60.4	60.5	60.6	60.6	60.7	60.8	60.9
17	60.8	60.9	61.1	61.2	61.4	61.5	61.6	61.8	61.9	62.0	62.2	62.3	62.4	62.6	62.7
18	61.9	62.1	62.3	62.5	62.7	62.8	63.0	63.2	63.4	63.6	63.8	63.9	64.1	64.3	64.5
19	63.0	63.2	63.5	63.7	64.0	64.2	64.4	64.7	64.9	65.1	65.4	65.6	65.8	66.1	66.3
20	64.1	64.4	64.7	65.0	65.3	65.5	65.8	66.1	66.4	66.7	67.0	67.2	67.5	67.8	68.1
21	65.2	65.5	65.9	66.2	66.6	66.9	67.2	67.6	67.9	68.2	68.6	68.9	69.2	69.6	69.9
22	66.3	66.7	67.1	67.5	67.9	68.2	68.6	69.0	69.4	69.8	70.2	70.5	70.9	71.3	71.7
23	67.4	67.8	68.3	68.7	69.2	69.6	70.0	70.5	70.9	71.3	71.8	72.2	72.6	73.1	73.5
24	68.5	69.0	69.5	70.0	70.5	70.9	71.4	71.9	72.4	72.9	73.4	73.8	74.3	74.8	75.3
25	69.6	70.1	70.7	71.2	71.8	72.3	72.8	73.4	73.9	74.4	75.0	75.5	76.0	76.6	77.1
26	70.7	71.3	71.9	72.5	73.1	73.6	74.2	74.8	75.4	76.0	76.6	77.1	77.7	78.3	78.9
27	71.8	72.4	73.1	73.7	74.4	75.0	75.6	76.3	76.9	77.5	78.2	78.8	79.4	80.1	80.7
28	72.9	73.6	74.3	75.0	75.7	76.3	77.0	77.7	78.4	79.1	79.8	80.4	81.1	81.8	82.5
29	74.0	74.7	75.5	76.2	77.0	77.7	78.4	79.2	79.9	80.6	81.4	82.1	82.8	83.6	84.3
30	75.1	75.9	76.7	77.5	78.3	79.0	79.8	80.6	81.4	82.2	83.0	83.7	84.5	85.3	86.1
31	76.2	77.0	77.9	78.7	79.6	80.4	81.2	82.1	82.9	83.7	84.6	85.4	86.2	87.1	87.9
32	77.3	78.2	79.1	80.0	80.9	81.7	82.6	83.5	84.4	85.3	86.2	87.0	87.9	88.8	89.7
33	78.4	79.3	80.3	81.2	82.2	83.1	84.0	85.0	85.9	86.8	87.8	88.7	89.6	90.6	91.5
34	79.5	80.5	81.5	82.5	83.5	84.4	85.4	86.4	87.4	88.4	89.4	90.3	91.3	92.3	93.3
35	80.6	81.6	82.7	83.7	84.8	85.8	86.8	87.9	88.9	89.9	91.0	92.0	93.0	94.1	95.1
36	81.7	82.8	83.9	85.0	86.1	87.1	88.2	89.3	90.4	91.5	92.6	93.6	94.7	95.8	96.9
37	82.8	83.9	85.1	86.2	87.4	88.5	89.6	90.8	91.9	93.0	94.2	95.3	96.4	97.6	98.7
38	83.9	85.1	86.3	87.5	88.7	89.8	91.0	92.2	93.4	94.6	95.8	96.9	98.1	99.3	100.5
39	85.0	86.2	87.5	88.7	90.0	91.2	92.4	93.7	94.9	96.1	97.4	98.6	99.8	101.1	102.3
40	86.1	87.4	88.7	90.0	91.3	92.5	93.8	95.1	96.4	97.7	99.0	100.2	101.5	102.8	104.1

使用说明 注意事项		THI	状态
	此表适用于羊防暑降温措施方案选择指导	THI <68	无热应激
	需选用计量准确的干湿温度计，避免误差，读数准确	68≤THI <72	开始产生热应激
	操作人员应随时关注THI值，及时调整降温方案	72≤THI <79	轻度热应激
	操作时，可根据羊的实际应激反应程度调整方案	79≤THI <88	比较严重热应激
	运用时，THI值可按四舍五入最大值选择对应方案	88≤THI	严重热应激

第二节　气流通风控制

肉羊舍饲为群居性质，需要通风加以改善环境，否则，一旦发生传染性疾病，会造成巨大的损失。炎热季节提高羊舍通风量可利于散热，寒冷季节通风不利于保温，但不通风或通风不足又容易引起舍内空气污浊，易患呼吸道疾病。因此，羊舍在修建初期应选择建在于地形开阔处，合理布局，增大舍间距，朝向主风向，进风口设在正压区，排风口在负压区。羊舍前后墙留有较大的窗户，在羊舍靠近地面处设进风口和排风口，或安装电风扇和负压风机。

通风方式一般为机械通风和自然通风。自然通风是靠舍外刮风和舍内外的温差来实现的。机械通风又分为正压通风和负压通风，正压通风又称送风，即强制将风送入羊舍内，将舍内污染空气压出舍外。负压通风是指用风机把舍内污浊空气抽到舍外。因此，需保持羊舍通风合理，一般冬季气流应控制在 0.1 ~ 0.2 m/s，夏季控制在 0.3 ~1 m/s。

第三节　光照控制

光照对羊的生长发育非常重要。光照时间过短、强度不足，会导致蛋白质和矿物质沉积速度慢，生长发育受阻，性成熟晚，性机能变弱等。光照时间过长、过强，则引起精神兴奋，眼睛疲劳，活动过多，饲料转化率低等。因此，需要合理控制羊舍的光照。

羊舍采光分为自然光照和人工光照。一般羊舍采用自然光照，羊舍窗应向阳。若羊舍无窗，则需要人工光照。对于联栋羊舍和宽体单栋羊舍，其顶部可采用采光板，以满足羊对光照的需求。影响羊舍自然采光的因素很多，例如羊舍的方位、窗户面积、舍外情况等。光照一般用采光系数作为参数。采光系数是指窗户有效采光面积与舍内地面面积之比。成年羊舍采光系数为1∶15～1∶25，羔羊舍为1∶15～1∶20；公、母羊光照时间为8～10 h，怀孕母羊为16～18 h。

第四节　噪声控制

从生理学的角度讲，凡是使羊讨厌、烦躁，影响肉羊健康、生理机能和生产性能的声音，都称为噪音。过强、过长的噪声均可使肉羊生产性能下降。肉羊养殖场的噪声源主要为水泵、风机、锅炉风机和羊只叫声等，噪声声级范围应小于75～85 dB。当环境噪声达到110～115 dB时，哺乳母羊产乳量降低约10%～30%，妊娠母羊发生流产、早产等情况。噪音超过65 dB时，会使羔羊生理发生变化。噪音会导致肉羊血压升高、脉搏加快、听力受损。噪音对神经系统的影响表现为烦躁不安，导致胃肠消化功能障碍，胃液分泌异常，胃蠕动减弱。还可使肉羊的内分泌发生紊乱，导致机体的抵抗力下降，因此，需要合理控制噪声。

噪音主要防控措施有：①合理布局羊场，将产生噪声的设备安排在距离场界较远的方向，同时将设备入室，设备安装减振、隔音、消声设施；②合理分群和安排养殖密度，以减少羊舍叫声；③做好场地绿化，大部分绿色植物可起到隔离和降低场区噪声的作用。大而厚、带有绒毛的浓密树叶和细枝对降低高频噪声有较大作用。因此，羊场要想得到绿化降噪的良好效果，树要种得密，林带要相当宽，而且要栽植阔叶树。

第五节　空气质量控制

羊场的有害气体主要包括硫化氢、二氧化碳、氨气和灰尘等，主要来源于羊呼吸、粪尿，饲料和饲草腐败变质分解，以及羊自身新陈代谢产生的氨气、二氧化碳、甲烷等气体在圈舍内不断累积，多见于夏季、寒冷季节通风不良的密闭羊舍。调研发现，大多羊场尤其是配套设施不完善的羊场存在羊粪污清理不及时的情况，几个月甚至半年时间不清理，加之通风措施不完善导致舍内空气污浊、刺鼻，直接影响羊的健康及生产性能，间接危害人的健康。

一、氨气

氨气能刺激呼吸道黏膜，引起黏膜充血、喉间水肿、支气管炎，严重者引起肺水肿和肺出血等。空气中的氨气可阻抑机体对肺内微生物的清除。羊只长期处于含低浓度氨的空气中，对结核病和其他传染病的抵抗力显著减弱，在氨的毒害下，炭疽杆菌、大肠杆菌、肺炎球菌的感染过程显著加快，造成羊体质变弱，采食量、日增重、生产力均显著下降。如氨的浓度较高，则可使羊只出现明显的病理反应和症状。全舍饲的羊舍内氨的最高浓度不能超过 20 mg/m^3。

二、硫化氢

羊舍中的硫化氢主要是由含硫有机物分解而来。当羊只采食富含蛋白质的精饲料而消化不良时，可由肠道排出大量的硫化氢。硫化氢气体密度较大，故愈接近地面，浓度愈高。硫化氢主要刺激羊的呼吸系统及其他系统黏膜，引起眼结膜炎，表现出流泪、角膜混浊、畏光等症状。硫化氢还可引起鼻炎、气管炎、咽喉灼伤甚至肺水肿等。羊经常吸入低浓度的硫化氢，可出现植物性神经紊乱，偶尔发生多发性神经炎。长期处在低浓度硫化氢环境中的羊只体质变弱，抗病力下降，易发生肠胃病、心脏衰弱等。高浓度的硫化氢可直接抑制呼吸中枢，引起羊窒息和死亡。羊舍空气中硫化氢含量最高不得超过7 mg/m^3。

三、一氧化碳

冬季在封闭式羊舍内生火炉取暖时，如空气流通过差，煤炭燃烧不完全，则可能产生一氧化碳。一氧化碳对羊的血液和神经系统具有毒害作用，吸入体内后，通过肺泡进入血液循环系统，与血红蛋白和肌红蛋白结合，阻碍了血细胞的携氧功能和血氧交换，造成机体急性缺氧，机体各部脏器的功能失调，出现呼吸、循环和神经系统的病变。由于一氧化碳结合的血红蛋白或肌红蛋白解离要比氧合血红蛋白慢3 600倍。因此，一氧化碳中毒后对机体有持久的毒害作用。

四、二氧化碳

羊舍中二氧化碳主要来源于羊只的呼吸。二氧化碳本身无毒，它的危害主要是造成羊只缺氧，引起慢性毒害。羊只长期在缺氧的环境中，表现为精神萎靡，食欲减退，体质下降，生产力降低，对疾病的抵抗力减弱，特别易感结核病等传染病。羊舍中二氧化碳浓度常与空气中氨、硫化氢和微生物含量成正相关，二氧化碳浓度在一定程度上可以反映羊舍空气的污浊程度。因此，二氧化碳的含量可作为评定羊舍空气卫生状况的一项间接指标。羊舍空气中二氧化碳含量应不高于2 000 mg/m^3。

生产上应根据有害气体产生的根源和存在变化的规律来控制空气质量。舍内氨气和硫化氢主要来自于粪尿的分解，及时清理羊的粪尿可有效降低氨气和硫化氢的浓度，尤其是封闭或者半封闭式的羊舍，不仅要及时清理粪尿还要经常通风，以降低羊场氨气和硫化氢的浓度。通风换气应选择在天气晴朗、气温较高的中午进行，可有效及时彻底地排出舍内产生的有害气体。同时，还可以提高羊饲料的消化利用率，以减少有害气体的排出，从而改善空气质量。对于全封闭式羊舍可采用智能环控设备来控制舍内空气质量，该环控设备可通过中控器把羊舍内的各类与环控有关的传感器、风机、湿帘等连接到一起，随时检测舍内有害气体浓度，当有害气体高于设定值时，设备会自动启动风机将有害气体给排出舍外，以保证舍内空气质量的稳定性。如果受外环境影响使羊舍内环境出现了较大波动，则各类检测传感器把数据传入到中控器，然后通过中控器的内置策略，直接作用到各类风机、湿帘等，调节使内环境再次稳定。这整个过程都是各类传感器、通讯、中控、机械设备基于程序自动运行，无需人工过多干预。

针对舍外的空气质量控制，可以通过加强绿化工作来改善，这不仅能美化羊场化境，还能有效改善羊舍外的空气质量。这是因为绿植可吸收大气中有害气体，减少空气中的异味，从而有效净化空气；绿植通过光合作用吸收羊只排除的二氧化碳，产生新鲜氧气；绿植还可以吸附一部分粉尘和有害气体，以减少场内粉尘和有害气体量，从而达到净化空气的目的。

羊舍、场区、缓冲区空气环境质量控制参照《种羊场舍区、场区、缓冲区环境质量标准》（DB11/T 428），应符合表

5－3的要求。

表5－3 羊舍、场区、缓冲区空气环境质量要求

序号	项目	羊舍		场区	缓冲区
		羔羊	成羊		
1	氨（NH_3）/（$mg \cdot m^{-3}$）	12	≤20	≤5	≤2
2	硫化氢（H_2S）/（$mg \cdot m^{-3}$）	≤4	≤7	≤2	≤1
3	二氧化碳（CO_2）/（$mg \cdot m^{-3}$）	≤1 200	≤2 000	≤700	≤400
4	可吸入颗粒（PM10）/（$mg \cdot m^{-3}$）	≤1.8	≤2	≤1	≤0.5
5	总悬浮颗粒物（TSP）/（$mg \cdot m^{-3}$）	≤8	≤10	≤2	≤1
6	恶臭（无量纲）	≤50	≤50	≤30	≤10～20
7	细菌总数/（个$\cdot m^{-3}$）	≤20 000	≤20 000	—	—

第六章　肉羊饲养管理与质量控制

第一节　常用饲料种类及特点

饲料是养羊生产发展的物质基础，成本占规模养羊经营中饲养总成本的50%～70%。

羊在生命活动过程中所需要的能量、蛋白质、矿物质、维生素等营养物质均由饲草料供给，饲料利用的合理与否，直接影响规模养羊的经济效益。

羊是草食动物，饲料来源比较广泛，种类众多，根据国际饲料命名及分类原则、按饲料营养特性可将饲料分成八大类，分别是粗饲料、青绿饲料、青贮饲料、能量饲料、蛋白质饲料、矿物质饲料、维生素饲料、饲料添加剂，并使其命名具有数字化，各种饲料均有编码。饲料国际分类法及其限制条件见表6－1。

表6-1 饲料国际分类法及其限制条件

饲料类别	饲料编码	分类依据/%		
		水分	粗纤维	粗蛋白
粗饲料	1-00-000	<45	≥18	—
青绿饲料	2-00-000	≥60	—	—
青贮饲料	3-00-000	≥45	—	—
能量饲料	4-00-000	<45	<18	<20
蛋白质饲料	5-00-000	<45	<18	≥20
矿物质饲料	6-00-000	—	—	—
维生素饲料	7-00-000	—	—	—
饲料添加剂	8-00-000	—	—	—

一、粗饲料

粗饲料是指饲料中天然水分含量在45%以下，干物质中粗纤维含量等于或高于18%以风干物形式饲喂的植物性饲料。粗饲料是肉羊的主要饲料，一般在羊日粮中占60%~70%。粗饲料的特点是来源广、种类多、产量大、价格低，能够有效降低养殖成本。羊对粗饲料中纤维素有良好的利用效果，能够增强瘤胃兴奋，保持正常的消化机能，调节瘤胃内酸碱度，对胃肠道的蠕动和消化吸收有促进作用。55%~95%纤维素通过瘤胃微生物发酵，产生挥发性脂肪酸，为肉羊生长发育提供能量。

粗饲料中含有相对较高纤维素，其中秸秆和秕壳类的粗纤维的木质化程度较高，纤维物质的利用率较低，能量、无氮浸出物和蛋白质含量较低，而且会降低其他饲料的消化率和利用率。因此，利用该类粗饲料饲喂羊时，需要进行适当的加工处理，并采取一些营养调控措施，才能提高粗饲料的利用率。

（一）干草类

干草是指青草或栽培青绿饲料的生长植株地上部分在未结籽实前刈割下来，经一定干燥方法制成的能长期贮存的饲料（见图6-1）。

图6-1 干草

优质青干草水分含量一般为12%~15%。干草水分含量过高，容易发生霉变，不能贮存；水分含量过低，会造成叶片脱落，降低草的品质。青干草粗蛋白质含量较高，矿物质较多，维生素中胡萝卜素、维生素D、维生素E丰富，适口性好，不仅是草食动物越冬的良好饲料，还能全年提供营养均衡的饲料，弥补饲草的季节性不足。

干草常分为豆科干草、禾本科干草、野干草。豆科干草富含蛋白质、钙和胡萝卜素等，营养价值较高，是补充蛋白饲料的主要来源；禾本科干草富含糖类，是补充热能饲料的主要来源。野干草是用野生杂草晒制成的，营养价值稍差。

（二）秸秆类

秸秆是指成熟农作物在收获籽实后茎叶部分的总称，主要有玉米秸（见图6-2）、麦秸、豆秸（见图6-3）、稻秸、油菜秸等。其粗纤维含量达30%~40%，粗蛋白和矿物质含量低，适口性差，消化率低。我国秸秆资源丰富，每年产量约6

亿吨，且成本低廉，经过适当加工处理后，其营养价值、适口性会大大提高。

秸秆的营养价值因作物种类和品种、收获时期、加工和贮藏方法等因素影响而不同。一般来说，豆科秸秆的蛋白质含量和消化率都较高；禾本科秸秆粗纤维含量高，适口性差，营养价值低。叶片所含营养成分要高于茎秆，所以秸秆的叶片含量越多其相对营养价值就越高。

图6－2　玉米秸

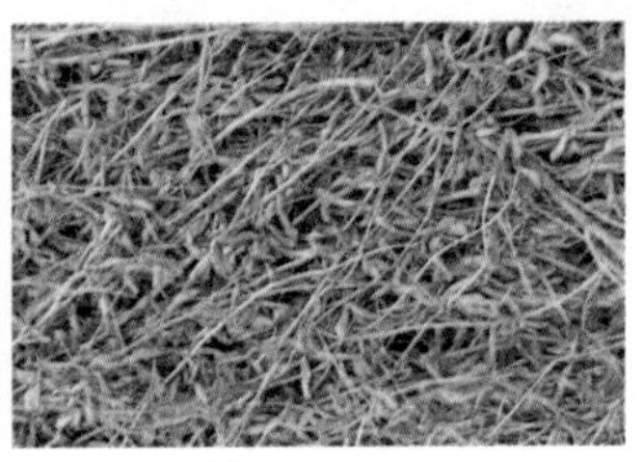

图6－3　豆秸

（三）秕壳类

秕壳是农作物籽实脱壳的副产品，包括种子的颖壳、荚皮及外皮等物。常见的有稻壳、高粱壳、棉籽壳、花生壳、燕麦壳、豆荚、大豆皮等。相比于秸秆类粗饲料，秕壳的总营养价值较高，蛋白质和矿物质含量多，纤维素少，是肉羊较好的粗饲料来源。但秕壳类饲料质地坚硬、粗糙，还含有芒刺和泥沙，用其饲喂家畜时要进行预处理，以提高其适口性。

（四）糟渣类

糟渣类饲料属食品和发酵工业的副产品。我国糟渣资源丰富，种类多，数量大，主要包括啤酒糟（见图6－4）、白酒糟（见图6－5）、果渣、糖渣、酱醋渣等。糟渣类水分含量比达70%～90%，富含丰富的蛋白质和矿物元素，非常适合饲喂家畜。但是，一定要严格控制酒糟的添加量，日用量 3 ~ 4 kg 为宜，避免添加过量造成羊消化障碍和营养缺乏，影响羊的生产性能。

图 6 - 4　啤酒糟

图 6 - 5　白酒糟

二、青饲料

青饲料，也叫青绿饲料、绿饲料，以富含叶绿素而得名。青绿饲料的种类众多，包括牧草（天然牧草和栽培牧草）、青割饲料、叶菜类、树叶类、水生植物类等。青绿饲料水分高达 75% ~ 90%，粗纤维含量少，蛋白质含量较高且品质较好（赖氨酸含量高），适口性好，是肉羊夏、秋季节所需矿物质及多种维生素的主要饲料来源，如新鲜树叶中富含钙、磷、铁、钴、锌等元素，胡萝卜素、维生素 C、维生素 D、维生素 E、维生素 K 等维生素含量也较高。但由于青绿饲料水分含量高，必须与其他饲料搭配利用才能达到最佳利用效果。

（一）牧草

牧草是指供饲养的牲畜使用的草或其他草本植物，分为自然生长的天然牧草和人工栽培的牧草两类。天然牧草种类繁多，其营养价值和鲜草产量因植物种类、土壤状况、自然气候等不同而有差异。

我国南方地区养羊常用的牧草有牛鞭草（见图 6 - 6）、黑麦草（见图6－7）、鸭茅（见图6－8）、三叶草（见图6－9）、光叶紫花苕（见图6－10）、紫花苜蓿（见图6－11）等。人工栽培牧草是经过人工选育而来的，具有优良性状，其产量丰富、营养价值高、适口性好。

图6－6　牛鞭草

图6－7　多花黑麦草

图6－8　鸭茅

图6－9　白三叶

图6－10　光叶紫花苕

图6－11　紫花苜蓿

（二）青割饲料

青割饲料是以收获种子为目的而种植的禾谷类，在未形成种子之前从近地面处割取，然后将其整个植物体用作肉羊饲用的饲料，包括饲用甜高粱（见图6－12）、小麦（见图6－13）等。可以用这种青饲料直接饲喂肉羊，也可以把它封存于青贮窖使其进行乳酸发酵，作为贮藏饲料的青贮饲料。

图6-12　饲用甜高粱　　图6-13　小麦

（三）水生饲料

水生饲料生长繁殖迅速，产量高，水分含量较高，纤维含量少，营养价值高，对因地制宜、扩大青饲料来源、发展养殖业具有重要意义，如水葫芦（见图6-14）、水花生（见图6-15）等。但是水生饲料容易传染寄生虫卵，在使用时应注意在水塘开展消毒、灭螺工作，或者将水生饲料青贮发酵利用。

图6-14　水葫芦　　图6-15　水花生

三、青贮饲料

青贮饲料是指将新鲜的青饲料切短装入密封容器里，经过微生物发酵后，制成一种具有特殊芳香气味、营养丰富的饲料。制成的青贮饲料味道酸甜、柔软多汁、营养丰富、适口性好、易于保存。青贮制作简单，使用方便，通常有窖贮（见图6－16）和袋贮（见图6－17）两种方式。其养分损失少，仅损失10%～15%，保存时间达2～3年或更长，是一种长期贮藏青绿饲料的好方法，保证了青绿饲料的连续供应，是解决肉羊冬、春缺草的主要饲料来源。青贮原料非常丰富，有玉米秸、麦秸、豌豆秧、花生秧、甘薯及甘薯蔓、甜菜、各种牧草、野青草等。

图6－16 窖贮

图6－17 袋贮

四、能量饲料

能量饲料是指干物质中粗纤维含量低于18%、粗蛋白低于20%的饲料。包括谷实类、糠麸类、块根块茎类、糟渣类等。一般每千克饲料干物质含消化能在10.46 MJ以上，该类饲料体积小，可消化养分含量高，但养分组成不均衡。

（一）禾本科籽实类

常用的禾本科籽实饲料有：玉米（见图6－18）、稻谷、燕麦（见图6－19）、大麦（见图6－20）、粟等。玉米是最重要的能量饲料，素有“饲料之王”之称。它在谷实类饲料中含可利用能量最高，含代谢能约13.56 MJ/kg，粗纤维少，适口性好。大麦有皮大麦与裸大麦，用作饲料的为皮大麦。由于皮大麦外包颖壳，粗纤维含量比玉米高，代谢能较低，约

11.3 MJ/kg，但粗蛋白质比玉米高，约11%，其中蛋氨酸和赖氨酸比玉米高，大麦中粗脂肪含量低，约1.7%。

图6－18　玉米

图6－19　燕麦

图6－20　大麦

（二）糠麸类

糠麸类饲料是谷物的加工副产品，制米的副产品称为糠，制粉的副产品称作麸。糠麸类是重要能量饲料原料，主要有米糠、麦麸、玉米皮、高粱糠及谷糠等，其中以米糠与小麦麸占主要位置。

米糠是糙米加工成白米时的副产物。我国有饲用米糠饼、粕属脱脂米糠类产品。米糠代谢能水平较高，为11.21 MJ/kg，粗蛋白质约13%，米糠中脂肪酸含量较高，可达16.5%，约为麦麸、玉米糠的3倍，因而能值也位于糠麸类饲料之首。然而米糠粗脂肪含有不饱和脂肪酸多，长期贮藏或贮存不当时，脂肪易氧化而发热霉变。所以，应尽可能鲜喂或用新鲜米糠配料。小麦麸（见图6－21）是生产面粉的副产物，由于粗纤维含量高，代谢能含量就很低，约6.80 MJ/kg，粗蛋白质约15%。小麦麸结构蓬松，有轻泻性，在日粮中的饲喂比例不宜过高。

图6－21　麦麸

（三）块根、块茎类饲料

常见的块根、块茎类饲料品种有：甜菜、胡萝卜、白萝卜、甘薯、马铃薯等。这类饲料含有较多碳水化合物和水分，适口性好，能够有效刺激羊的食欲，可作为补充饲料，特别是哺乳母羊和羔羊的补充料，也是冬、春季节缺少青饲料时肉羊的主要维生素饲料来源。但因其含水量高，体积大，如果喂量过多，会降低动物对干物质和养分的采食量，从而影响其生产性能。

胡萝卜（见图6－22）是最常用的优良多汁饲料，具有适应性强、易栽培、产量高、耐贮藏、病虫害少、适口性好等优点，主要营养物质是淀粉和糖类，富含胡萝卜素和磷，每千克胡萝卜含胡萝卜素36 mg以上，含磷量为0.09%，高于一般多汁饲料。

甘薯（见图6－23）淀粉含量高，能量含量居多汁饲料之首。甘薯怕冷，宜在13 ℃左右贮存。有黑斑病的甘薯有异味，且含毒性酮，喂羊易导致喘气病，严重的会引起死亡。

马铃薯（见图6－24）与甘薯一样，能量含量比其他多汁饲料高。马铃薯含有龙葵素，在幼芽、未成熟的块茎和在贮存期间经日光照射变成绿色的块茎中含量较高，喂量过多可引起中毒。饲喂时应切除发芽部位并仔细选择，以防中毒。

甜菜（见图 6－25）及甜菜渣饲用甜菜产量高，含糖 5%～11%，适于喂羊，但喂量不要过多，也不宜单一饲喂。糖用甜菜含糖 20%～22%，经榨汁制糖后剩余的残渣叫甜菜渣。甜菜渣中 80% 的粗纤维可以被羊消化，所以按干物质计算，可看成羊的能量饲料。甜菜渣含钙、磷较多，且钙多于磷，比例优于其他多汁饲料。值得注意的是：干的甜菜渣喂前应先用 2～3 倍重量的水浸泡，避免喂后在消化道内大量吸水引起膨胀致病。

图 6－22　胡萝卜　　图 6－23　甘薯

图 6－24　马铃薯　　图 6－25　甜菜

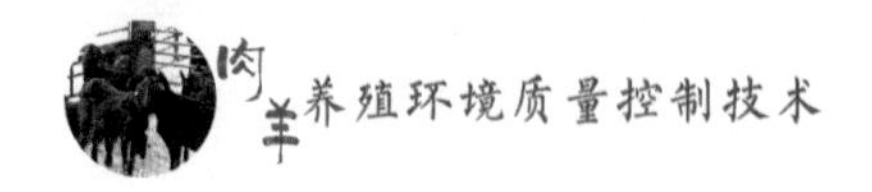

五、蛋白质饲料

蛋白质饲料是干物质中粗蛋白含量不小于20%，粗纤维含量小于18%的饲料。蛋白质饲料在生产中起到关键性作用，影响动物生长与增重，使用量比能量饲料少，一般占精饲料补充料的20%～30%。植物性蛋白质饲料有：豆类籽实、饼粕类、菜籽饼等。

豆类籽实主要包括大豆、蚕豆、黑豆、豌豆等，蛋白质含量一般在20%～40%；饼粕类主要包括大豆粕、菜籽饼、芝麻和胡麻等，经压榨或浸提取油后的副产物，蛋白质含量33%～50%。

六、矿物质饲料

矿物质饲料是指不含蛋白质及能量，补充动物所需的常量矿物质元素的一类饲料。通常用食盐、骨粉、贝壳粉、石灰石、磷酸钙、碳酸钙等饲料来补充钠、氯、钙、磷，其他矿物质则以添加剂形式补给。

食盐添加量约占精饲料补充料的1%，磷酸氢钙在精饲料补充料中占0.5%～1%。添加时，要与精饲料混合均匀使用，以免因过量而引起中毒。

七、维生素饲料

维生素饲料是指用工业提取的或人工合成的饲用维生素，在饲料中用量较小，通常以单一或复合维生素的形式添加到饲料中。一般注意青饲料不足时，妊娠后期母羊和公羊应考虑补充维生素。

八、饲料添加剂

饲料添加剂是指在饲料加工、制作、使用过程中添加的少量或者微量物质，有营养性添加剂和非营养性添加剂两种。营养性添加剂有氨基酸、维生素和微量元素等，用于补充饲料营养成分；非营养性添加剂包括生长促进剂、驱虫保健剂、饲料保存剂等，用于满足动物保健、促生长、增食欲等特殊需要，用量小作用大。饲料添加剂是配合饲料的核心，其质量直接影响动物的生产性能。

第二节　饲料加工调制及饲喂要求

对饲料进行加工调制，可以明显改善适口性，利于咀嚼，提高消化率，提高生产性能，便于贮藏和运输。常用羊饲料的加工调制主要包括：粗饲料的加工调制、青贮饲料的加工调制和能量饲料的加工调制。

一、粗饲料加工调制及饲喂要求

我国粗饲料资源十分丰富，但由于粗纤维含量高不易消化而限制了其使用，因此需要进行加工，提高其营养价值，以弥补冬季和早春饲草不足的现状。加工方法主要分为物理、化学和生物方法，物理法适用于任何种类的粗饲料，是进行后续加工的基础；化学和生物方法主要用在麦草、稻草、玉米秸等禾本科秸秆处理上。

（一）物理加工法

物理加工法主要是指通过人工、机械等方法改变粗饲料的物理性状，利于家畜采食，减少饲料浪费。主要包括：切短、粉碎、揉搓、浸泡、蒸煮、颗粒化等。

1. 切短

调制秸秆最简单而又重要的方法，秸秆和较硬的干草饲喂前都应切短，秸秆饲喂肉羊时切成 1.5 ~2.5 cm 小段，玉米以 1 cm 左右为宜。

2. 粉碎

粉碎可将干草和秸秕加工成各种粒度的草粉，便于与精饲料混拌。但不可粉得过细，一般以 0.7 ~1 cm 效果较好，否则会影响羊的反刍。

3. 揉搓

揉搓是通过使用揉搓机将秸秆揉搓成柔软的散碎状、丝条状，提高饲料适口性和利用率。

4. 浸泡

一般用清水浸泡粗饲料可将其软化，清除泥沙，提高适口性，有利于羊采食；1% 盐水或稀糖蜜水或酒糟液等浸泡切短粗草，可起到调味作用而增加粗饲料的采食量。

5. 蒸煮

利用具有一定压力的容器对秸秕类粗饲料进行蒸煮，软化纤维素，改善适口性。如用高压（1 ~2 MPa/cm^2）蒸汽处理，有利微生物和酶接触植物细胞内容物，从而提高粗饲料的消化率。

6. 颗粒化

将农作物副产品、秸秕壳粉碎后，再加上少量黏合剂，用颗粒饲料制粒机压制成颗粒饲料。由于含水量较低（11% ~

13%），体积减小，便于长期储存和运输，适口性和品质得到提高。颗粒化不仅适合大规模养殖场，也适合家庭养殖，经济实用，是一种草食家畜的理想饲料。

（二）化学加工法

化学加工法主要是指通过利用酸、碱等化学物质对秸秆进行处理，来降解粗纤维中的纤维素和木质素，以提高其适口性和营养价值。目前，生产中广泛应用的是氨化、碱化和酸化处理。

1. 氨化处理

利用氨水、液氨或尿素溶液等作为氨源进行处理，使秸秆变柔松，粗纤维含量降低10%，利用率提高20%，同时可提供反刍动物非蛋白氮，强化粗蛋白。

2. 碱化处理

利用氢氧化钠、氢氧化钾、氢氧化钙溶液来处理秸秆，可使消化率提高15%～20%。这种方法成本低，方法简便，效果明显。如利用氢氧化钠与生石灰混合处理法：将秸秆铺放在地面上，每层厚15～25 cm，喷洒1.5%～2%氢氧化钠和1.5%～2%生石灰水混合液，分层喷洒并压实。1周后（至少3 d）待碱度降低后切碎饲喂。

3. 氨碱复合处理

这种处理方法就是将秸秆饲料氨化后再进行碱化处理，不仅提高了秸秆饲料营养成分含量和饲料的消化率，还能够充分发挥秸秆饲料的经济效益和生产潜力。如稻草氨化处理的消化率仅55%，而复合处理后则达到71.2%。

4. 酸化处理

用酸性物质（硫酸、盐酸、磷酸和甲酸等）处理秸秆后，破坏饲料中纤维素的结构，提高粗饲料的消化率，但酸处理成本太高，在生产上应用较少。

（三）生物加工法

生物加工法是通过微生物和酶的作用，使粗饲料纤维部分降解，产生菌体蛋白，以改善适口性、消化率和营养价值，生产实践中主要采用微生物发酵和酶解两种方式。

1. 微生物发酵

通过添加微生物高效活性菌种，将动物难以利用的粗饲料进行发酵作用后，改变其理化性状，提高营养价值和适口性，变成比较容易消化利用的具有酸、甜、软、熟、香的饲料。具体方法是：100 kg 粗饲料粉碎，加菌种 2 ~ 4 kg，加水 100 ~ 150 kg，拌匀后，用手握紧，以指缝有水珠而不滴下为宜。拌匀的饲料在地面或墙角堆积发酵，冬季应用草帘或塑料布覆盖保温，当温度上升到 40 ℃，且具有酸香味时，即可饲喂。

2. 酶解法

利用酶具有高效、专一、水解效率高的特性，选择能分解粗纤维的纤维素、半纤维素分解酶，将其溶于水后喷洒在秸秆上，以提高秸秆消化率，但因处理成本较高，目前生产上使用较少。

（四）复合处理法

复合处理法就是将不同处理技术组合起来，形成新型调制工艺，克服了单一方法处理粗饲料效果不理想且难以规模化处理的缺陷。目前，使用较多的是将化学处理与机械成型加工调制相结合。即先对秸秆饲料进行切碎或粗粉碎，再进行碱化或氨化等化学预处理，然后添加必要的营养补充剂，再通过机械加工调制成秸秆颗粒饲料或草块。该复合处理技术的应用，既可改善秸秆饲料的物理性状和适口性，还能提高饲料的密度，有利于运输、贮存和利用，因此有利于实现工厂化高效处理，是今后秸秆等粗饲料利用的重要途径。

（五）干燥方法

1. 地面干燥法

选择晴天，将牧草收割后平铺地面，在日光下曝晒4～6 h，使水分降到40%左右（取1束草在手中用力拧紧，有水但不下滴）达到半干程度。然后将草拢集成松散的小堆（高度0.5～1 m），继续晾晒4～5 d或将半干的草移到通风良好的荫棚下晾干，使水分降到14%～17%，此时干草束在手中抖动有声，揉卷摺迭不脆断，松手时不能很快自动松散，即达干燥可贮存程度。此法简单方便，成本低，一般农户均可使用。

2. 草架干燥法

将半干或新鲜牧草自上而下置于草架上，厚度不超过70 cm，保持蓬松和一定斜度，以利采光、通风、排水。此法可提高牧草的干燥速度，干草品质较好，养分损失比地面干燥减少5%～10%，适宜于潮湿、多雨、光照时间短或气候变化无常的季节或地区。

3. 常温通风干燥

将青草自然干燥，使水分降到30%～40%后堆成小垛，垛内设通风道，用鼓风机或电风扇的风力直接干燥，所制的青干草含叶多，所含养分较地面干燥高，胡萝卜素可高出3～4倍。

4. 高温快速干燥法

将新鲜的青绿饲料置于烘干机内，在800～1 100 ℃的条件下，经过3～5 s使水分迅速降到10%～12%，牧草的营养物质含量及消化率几乎无影响。

（六）粗饲料的贮藏

1. 露天堆垛贮藏

露天堆垛贮藏是最经济、较省事的贮存方法。选择地势高燥处，垛底要高出地面 30 ~ 50 cm，清除杂草，挖好排水沟，垛形以长方形为宜，高 6 ~ 10 m，宽 4 ~ 5 m。堆垛时，第一层从外向里堆，使里边的一排压住外面的稍部，每层 30 ~ 60 cm 厚，尽量压紧，形成外部稍低、中间隆起的弧形。垛顶用薄膜封顶，并用绳索系紧。贮藏过程中，注意通风、防雨、防自燃，定期检查维护。

2. 草棚贮藏

气候湿润、用草量不大的牧户或条件较好的牧场，可建造简易的干草棚来堆垛贮存干草，避免日晒、雨淋。贮存时，下面采取防潮措施，上面与棚顶间保持 0.5 m 的距离，保持通风，将青干草整齐地堆垛在棚内。

（七）干草的质量鉴定及饲喂

实践证明，干草的植物种类组成、颜色、气味、含叶量多少等外观特征可以作为评定干草品质的好坏的依据。优质干草呈青绿色，叶片含量多且柔软，有芳香味，水分含量低于 17%，豆科及禾本科物草比例大，且不含霉烂变质的干草。劣质干草颜色黄白或黑褐色，叶片存量少，缺少芳香气味，甚至有霉烂或焦灼气味，杂草数量多。肉羊极喜欢采食优质青干草，劣质及霉烂变质干草不能利用，防止饲喂妊娠家畜引起流产。干草饲喂前最好切短、粉碎，这样可防止浪费。一般山羊青干草的日喂量为 2 ~3 kg。

二、青贮饲料的加工调制

青贮饲料是把新鲜青绿饲料通过微生物厌氧发酵和化学作用条件下制成的一种适口性好、消化率高和营养丰富的饲料，是保证常年均衡供应肉羊饲料的有效措施。用青贮方法能够很好地保存青绿饲料养分，质地变软，具有香味，能促进羊的食欲，解决冬、春季节饲草的不足。同时，制作青贮料比堆垛同量干草要节省一半占地面积，有利于防火、防雨、防霉烂等。

青贮应该因地制宜，采用不同形式。可修建永久性的建筑设备，亦可挖掘临时性的土窖，还可利用闲置的贮水池、发酵池等。我国南方地区养殖专业户则可利用木桶、水缸、塑料袋等；在地下水位较低、冬季寒冷的北方地区，可采用地下或半地下式青贮窖或青贮壕。青贮场所，应选在地势高且干燥、土质坚实、地下水位低、靠近畜舍、远离水源和粪坑的地方。

（一）青贮原料的要求

1. 糖分

青贮原料要有适当的含糖量，保证乳酸菌能大量繁殖。乳酸增多后，将酸碱度调到 pH 值 4.2 以下。含糖分多的饲料最易青贮，如红苕、蔓菁、南瓜、玉米叶秆、禾本科牧草等。相反，含蛋白质较多而含糖分较少的豆科牧草，要与含糖分高的原料混合青贮，才易于保证青贮品质。

2. 水分

水分过低，难于踩实压紧，造成好气菌大量繁殖，使饲料发霉腐烂；水分过多，又易压实结块，利于酪酸菌活动，使饲料腐臭，品质变坏。最适宜的水分含量是 65% ~75% 。简单判断水分的方法：将青贮原料捣碎，用手握紧，指缝有水珠而不滴下，即为适宜水分含量。水分过多可加糠或稍晾晒，水分不足可洒水调节。

3. 温度

青贮时，青贮窖内青贮料温度最好在 25 ~ 35 ℃，在此温度内乳酸菌能够大量繁殖，抑制其他杂菌繁殖。然而，青贮过程中温度是否适宜，关键在于青贮原料含水量是否合适、含糖量是否足够以及青贮窖是否处于厌氧环境这三个条件。当能满足这三个条件时，青贮温度一般会维持在 30 ℃左右；如果不能满足上述条件，就有可能造成青贮过程中温度过高。温度过高可能是发酵过程出现过量产热而抑制乳酸菌增殖，助长其他杂菌增殖，造成营养成分和能量的损失，造成气味刺鼻、适口性差的状况，甚至青贮失败，不能饲用。

（二）青贮方法和步骤

调制青贮料大致可分为：收割、切短、装填和封窖四个步骤。

1. 收割

青贮原料要适时收割。整株玉米青贮应在蜡熟期，即在干物质含量为30% ~35%（即1/3 乳线至3/4 乳线时期）时收割最佳；豆科牧草一般在现蕾至开花始期刈割青贮；禾本科牧草一般在孕穗至刚抽穗时刈割青贮；甘薯藤和马铃薯茎叶等一般在收薯前1 ~2 d或霜前收割青贮。幼嫩牧草或杂草收割后可晒晾3 ~4 h（南方地区）或1 ~2 h（北方地区）后青贮，或与玉米秸秆等混贮。

2. 切短

青贮料切断长度因种类不同而异：玉米秸秆切短长度以1 cm

左右为宜；牧草等秸秆柔软的，切短长度为 3 ~4 cm。铡短前先将霉烂、带泥沙或不干净的原料除去（见图 6 -26）。

图 6 -26　切短原料

3．装填

装填前，底部铺 10 ~15 cm 厚的秸秆，以便吸收液汁。装填原料时需要调节水分，使其含水量在 65% ~70% 为宜，装填要踏实，可用推土机碾压，人力夯实，一直装到高出窖沿 60 cm左右即可封顶（见图 6 -27）。袋装法须将袋口张开，将青贮原料每袋装入专用塑料袋，用手压和用脚踩实压紧，直至装填至距袋口 30 cm 左右时，抽气、封口、扎紧袋口。装袋后的青贮料见图 6 -28。小型青贮窖可以人力踩踏，大型青贮窖可用机械镇压，切忌带进泥土、油垢、金属等污染物，压不到的边角可人力踩压。

图 6 -27　装窖

图 6 -28　装袋后的青贮料

4. 封窖

窖上面用塑料薄膜覆盖好后，用细土、轮胎等封严，封窖后需要加强后期管理，若发现窖顶下陷或裂缝，应及时加土或使用胶带封严，防止雨水、空气进入窖内。密封后的青贮池见图6－29。

图6－29　密封后的青贮池

（三）青贮料的取用

封窖后一般经过45 d发酵即可取用。凡发霉腐烂的青贮料不能饲喂，要求现取现喂。取出放置过久，易霉烂。每次取用，要注意盖严保存好剩余在窖中的青贮料。注意青贮料与配合料搭配。青贮料喂量从少到多，让牲畜逐步适应。

开窖时切忌全面揭顶，一经开窖应天天取用。从上到下分层取喂，取面要平整，不可掏洞取料，每次取料厚度不小于10 cm，取用后要及时盖好秸秆或塑料，防止料面暴露风吹日晒、雨淋及二次发酵。塑料袋青贮应从封口处打开，集中喂完一袋，再打开另一袋。

（四）青贮料的品质鉴定

开启青贮容器时，根据青贮料的颜色、气味、口味、质地、结构等指标，通过感官评定其品质好坏，这种方法简便、迅速。青贮饲料感官鉴定标准见表6－2。

表6－2　青贮饲料感官鉴定标准

项目	品质要求		
	优	中	劣
色	黄绿、青绿近原色	黄褐、暗褐	黑色、墨绿
香	芳香、酒酸味	有刺鼻味、香味淡	刺鼻臭味、霉味
味	酸味浓	酸味中	酸味淡
手感	湿润松散	发湿	发黏、滴水
结构	茎、叶、茬保持原状	柔软、水分较多	腐烂成块、无结构
pH值	≤4.1	4.2～4.5	≥4.6

1．色泽

优质的青贮饲料非常接近于作物原先的颜色。若青贮前作物为绿色，青贮后仍为绿色或黄绿色最佳。青贮器内原料发酵的温度是影响青贮饲料色泽的主要因素，温度越低，青贮饲料就越接近于原先的颜色。对于禾本科牧草，温度高于30 ℃，颜色变成深黄；当温度为45～60 ℃，颜色近于棕色；超过60 ℃，由于糖分焦化近乎黑色。一般来说，品质优良的青贮饲料颜色呈黄绿色或青绿色，中等的为黄褐色或暗褐色，劣等的为黑色或墨绿色。

2．气味

品质优良的青贮料具有轻微的酸味和水果香味。若有刺鼻的酸味，则醋酸较多，品质较次。腐烂腐败并有臭味的则为劣等，不宜喂家畜。总之，芳香而喜闻者为上等，而刺鼻者为中等，臭而难闻者为劣等。

3．质地

植物的茎叶等结构应当能清晰辨认，结构破坏及呈黏滑状态是青贮腐败的标志，黏度越大，表示腐败程度越高。优良的青贮饲料，在窖内压得非常紧实，但拿起时松散柔软，略湿润，不黏手，茎叶花保持原状，容易分离。中等青贮饲料茎叶部分保持原状，柔软，水分稍多。劣等的结成一团，腐烂发黏，分不清原有结构。

三、能量饲料的加工调制

能量饲料的营养价值和消化率一般都比较高，但由于籽实类饲料的种皮、硬壳及内部淀粉粒的结构均影响着营养成分的消化吸收和利用。所以，这类饲料在饲喂前必须经过加工调制，以便能够充分发挥其作用。

（一）粉碎

粉碎能破坏细胞的物理结构，使被包裹的营养物质暴露出来，便于咀嚼，提高利用率。如玉米、高粱、小麦等籽实及大颗粒的饼类粉碎后，其表面积增加，消化更彻底。但是，粉碎的粒度不应太小，否则影响羊的反刍，一般粉碎成2.5 mm颗粒大小即可。

（二）浸泡

坚硬的豆类、谷物或油饼等经水浸泡而膨胀柔软，所含的有毒有害物质和异味均可减轻，适口性提高，利于动物消化。浸泡时料水比在1∶1.1～1.5，浸泡时间因温度不同而异，高温时间宜短，避免养分损失，甚至引起变质。

（三）蒸煮和焙炒

蒸煮可破坏豆类、饼类有毒有害成分，提高适口性。蒸煮时间一般不能超过 20 min。如大豆有豆腥味，适当热处理，可破坏胰蛋白酶，提高蛋白质的消化率、适口性。焙炒经短时间的高温处理，可使籽实中部分淀粉转化为糊精而产生香味，适口性提高，可作为仔畜的开食料。

（四）发芽

将饲料浸泡后发芽，可增加某些营养物质含量，提高营养价值。如谷物籽粒发芽后，部分蛋白质分解成氨基酸、糖分，维生素含量也大大增加。短芽（3 cm）则含有各种酶，可促进食欲；长芽（6 ~8 cm）为绿色，可供给维生素。

（五）制粒

饲料制成颗粒，动物采食量增加，浪费减少，家畜较喜食，尤其适用于育肥羔羊；同时还增加了饲料密度，破坏了原料中有毒有害物质，保证了饲料的安全性和均质性。

第三节　阶段饲养管理技术

一、羔羊的饲养管理

（一）喂好初乳

母羊产后前七天所分泌的乳汁叫初乳。初乳中含有丰富的蛋白质、维生素、矿物质、酶和免疫球蛋白等，其中，蛋白质含量 13.13%，脂肪 9.4%，维生素含量比常乳高 10 ~100 倍，球蛋白和白蛋白 6%，球蛋白可增进羔羊的抗病力。矿物质含量较多，尤其是镁含量丰富，具有轻泻作用，可促使羔羊的胎粪排除。所以，初生羔羊最初几天一定要保证吃足初乳。大多数初生羔羊能自行吸乳，弱羔、母性不强的母羊，需要人工辅助哺乳。其方法是：将母仔一起关在羊圈内生活 3 ~ 5 d，人工训练哺乳几次。这样既可使羔羊吃到初乳，也可增强母羊的恋羔性。对缺奶的羔羊要找保姆羊代哺，或人工喂以奶粉、代乳品等。此外，要注意羔羊的防寒保暖，预防羔羊痢疾、口疮等疾病。

（二）羔羊的早期补饲

可选择 10 ~ 15 日龄羔羊使用优质草料和精饲料进行早期补饲，使羔羊的胃肠机能及早得到锻炼，促进消化系统和身体的生长发育，但应注意控制固体饲料量。

1. 补饲选择

补饲首选全价颗粒饲料作为精饲料，其次可选择全价配合饲料；优选豆科类作为粗饲料，其次选择为燕麦等禾本科类；在豆类、禾谷类饲料充足的情况下，可配合饲喂。补饲选择以含蛋白质多、粗纤维少、适品性好的饲料为佳，草料选择质地软、易吸收且营养全面符合羔羊饲养要求的草料。干草切短，多汁饲料可切成条状，与精饲料、食盐、混合在一起，放在饲槽内饲喂。

2. 补饲方法

15 日龄羔羊每天补喂混合精饲料 30 ~ 50 g，30 日龄每天补喂混合精饲料 70 ~ 100 g，优质青干草 100 ~ 150 g，分 3 ~ 4 次。50 日龄以后应以青粗饲料为主，适当补喂精饲料。喂料的顺序是：先喂粗料，后喂精饲料。正式补喂饲料时，要按时、定量投喂。吃饱以后，即把草料收走，把饲槽翻转，保持清洁卫生，减少疫病传染。饮水要经常用浅盆摆在运动场上，让羔羊随时饮用。

（三）羔羊的管理

羔羊性情活泼爱蹦跳，应有一定的运动场，供其自由活动。在运动场内可设置草架，供羔羊采食青粗饲料。有条件的还可设置攀登台或木架，供羔羊戏耍和攀登。尤其要注意羔羊吃饱喝足后，就在运动场的墙根下或在阴凉处睡觉，在阴凉处躺睡，羔羊易患感冒，要经常赶起来运动。

（四）羔羊的断奶

羔羊到 2 月龄左右需断奶，是因为母羊的泌乳量已经不能满足羔羊的生长发育需要了。及时断奶，既可使母羊恢复体况，再进行配种繁殖，又可锻炼羔羊独立生活能力。断奶的方法多采用一次断奶法，即将母仔强制分开，不再合群，羔羊单独组群喂养。断奶后的羔羊要统一驱虫，按性别、体质强弱分群，转入育成或育肥羊阶段。断奶后的母羊，要少喂给青贮、块根等多汁饲料，促进母羊快速干奶。

二、育成羊的饲养管理

从断奶到配种前的羊叫育成羊。此阶段羊的骨骼和器官发育很快，断奶时不要断料或突然更换饲料。羔羊断奶后，公、母羔应分群饲养，并定期抽测体重，补喂精饲料，目的是为母羊提前达到第一次配种要求的最低体重，提早发情和配种；公羊提早利用和选种。育成羊若忽视饲养管理，轻则减轻体重，重则导致死亡。尤其是产冬羔的羊只，断奶后正值枯草期，若补饲跟不上，可能造成不利影响。而产春羔的羊只，断奶后正值青草盛期，可以放牧采食青草，秋末体重已达 20 kg 左右，一般可以安全越冬。育成羊的第一个越冬期，人们往往对它们不够重视，认为育成羊不配种、不怀孕，就放松了补饲，这是造成幼龄羊瘦弱、死亡的主要因素。在冬季枯草期，对育成羊群必须加强放牧管理，补饲青干草、农作物秸秆、藤蔓等，有条件的还应于每天收牧后每只羊平均补饲混合精饲料 200 g 左右。羊舍要保持干燥、清洁、温暖，要及时预防传染性疾病的防疫注射，定期防治寄生虫病。

为检查育成羊的发育情况，可在周岁以前，从羊群随机抽出 5% ~10%，固定每月称重一次，检查饲喂效果。采用科学饲养方法，做到均衡饲养的羊群，冬季体重应略有增长。体重急剧下降的，必须立即检查原因，采取针对性的技术措施，如驱虫、补饲等，使育成羊的生长发育达到正常的水平。

三、种公羊的饲养管理

种公羊的优劣，直接关系到后代的品质，特别是在开展人工授精时，种公羊的作用更显著。因此，种公羊的饲养管理十分重要。种公羊的基本要求是保持健康的体格、旺盛的性欲、良好的配种能力、精液品质好、能保证母羊受孕。因此，种公羊的饲养须喂给含蛋白质、维生素和矿物质丰富的饲料，尤其在配种期，需要更多的营养成分。

（一）种公羊的营养需求

种公羊的饲养特点是营养全面，长期稳定，保持既不过肥、也不过瘦的种用体况，不会形成草腹。公羊精子是由睾丸中的精细胞经过一段较长时期发育形成的，精细胞质量好，产生的精子活力就强。由于形成精细胞的过程很长，因此，供给山羊的营养物质不仅要全面，并且质量需要长期稳定。据测定，山羊精子在睾丸中产生和在附睾及输精管内移动的时间一般为 40 ~50 d，因此在配种前 1.5 ~2 个月就要增加营养物质的供应量。常年都要加强种公羊的饲养，特别在冬、春季应该补喂优质的饲草以保持种公羊的种用体况。

（二）种公羊的饲养要求

1. 在配种期提高营养水平，每天补喂混合精饲料 0.5 ~ 1 kg，同时补喂青干草、胡萝卜等多含维生素饲料和鸡蛋 1 ~ 2 个。

2. 给予种公羊适当的运动，提高精子的活力。一般每天运动 6 ~ 8 h，如果运动不足，会导致食欲不振，消化能力差，影响精子活力。

3. 合理掌握配种次数，每天采精 2 ~ 3 次，连续采精 3 d，休息 1 d。

4. 与母羊分开饲养，并做好修蹄、圈舍消毒及环境卫生等工作。

5. 种公羊的更换是 3 ~ 5 年替换，自然交配下，公、母羊比例为 1∶20 ~ 1∶30。

（三）种公羊的栏舍

后备种公羊的培育，要与母羊分开饲养。公羊生长发育比母羊快，在育成阶段要做好放牧和补饲等管理工作，保持营养物质的相对稳定，使其正常地生长发育。在日常管理中给予充足的运动，保持健壮体况。

四、繁殖母羊的饲养管理

繁殖母羊妊娠期的饲养管理，会直接影响到胎儿的成活、发育和产后羊羔的初生重、生长速度和羔羊成活率。因此，繁殖期母羊的饲养管理非常重要。妊娠期可分为妊娠前期和妊娠后期。

（一）妊娠前期的饲养管理

母羊的怀孕期为5个月，前3个月称为妊娠前期。该时期胎儿发育缓慢，增重仅占羔羊初生重的10%（在这期间胎儿主要发育脑、心、肝、胃等主要器官）。对妊娠母羊，要按照妊娠前期（怀孕3个月）和妊娠后期的营养需要给予充足的营养，并做好保胎工作，防止机械性流产和疫病性流产的发生。这阶段需要的营养物质并不比空怀期多，一般放牧均可满足。放牧时，随着牧草的枯黄与短缺，每天应坚持补饲，供应充足的营养物质，满足母体和胎儿生长发育的需要。

（二）妊娠后期的饲养管理

妊娠后期即母羊临产前两个月。该时期胎儿生长发育很快，初生重的90%左右是在这个阶段增加的（骨骼、肌肉、皮肤及内脏等）。母羊对营养物质的需要明显增加，应补喂含蛋白质、维生素、矿物质丰富的饲料，例如青干草、豆饼、胡萝卜、贝壳粉、食盐等。以每天每只羊补喂混合饲料0.25～0.5 kg为宜。如果母羊怀孕后期营养不足，胎儿发育受到很大影响，初生重小，抵抗力差，成活率低。

饲养管理应注意的问题：草料充足，加强补饲（优质青干草、精饲料），不要喂发霉、腐烂的饲料；管理时不宜急赶，防止流产或早产；减少圈舍饲养密度；进出运动场、补饲、饮水时，都要防止拥挤、滑跌，严防跳沟；有角或经常打斗的母羊要单独隔离；严禁饲喂发霉、冰冻的饲料；清洁饮水；临产前7 d进入产仔舍，做好母羊分娩前的各项准备工作。

（三）临产母羊及初产母羊的饲养管理

临产母羊，一般是母羊妊娠达140 d后出现临产症状的羊。

应增加日夜值班人员，把临产母羊及时从妊娠母羊圈中选挑出，送至产羔母羊舍待产，以免将羔羊产在其他圈内。

待产母羊进入产羔舍后，做好助产、接羔准备，产羔舍应设有取暖设施，产羔舍床面可铺垫褥草，褥草要勤换，并经常用5%火碱消毒。产羔后，应让初生羔羊及时吃足初乳；初产母羊需要人工辅助哺乳，并训练初产母羊育羔；产羔母羊要进行精细管理，避免羔羊串圈乱跑；在适当提高母羊营养的同时，多补充多汁饲料，促进泌乳量，适当增加母羊的运动，使母羊产道及子宫快速恢复。

（四）哺乳期母羊的饲养

生产中可按母羊膘情及所带的单、双羔给予不同的补饲标准（特别是产后前20~30 d）。给与补饲的饲料要营养价值高、易消化，使母羊恢复健康和有充足的乳汁。泌乳初期主要保证泌乳机能正常，细心观察和护理母羊及羔羊。对产多羔的母羊，因身体在妊娠期间负担过重，如果运动不足，腹下和乳房有时出现水肿，如营养物质供应不足，母羊就会动用体内贮存的养分，以满足产奶的需要。因此，在饲养上应供给优质青干草和混合饲料。泌乳盛期一般在产后30~45 d，泌乳量不断上升阶段，体内贮蓄的各种养分不断减少，体重也不断减轻。在此时期，饲养条件对泌乳机能最敏感，应该给予最优越的饲料条件，配合最好的日粮。日粮水平的高低可根据泌乳量多少而调整，一般来说，在放牧的基础上，每天每只羊补喂多汁饲料2 kg，混合饲料0. 25 kg。泌乳后期要逐渐降低营养水平，控制混合饲料的用量。羔羊哺乳到一定时间后，母羊进入空怀期，这一时期主要做好放牧和日常饲养管理工作。为减少疾病的发生，羊舍要勤换垫草，保持圈舍清洁干燥。刚分娩的母羊，一周不要出牧，一周以后放牧应由近逐渐到远。

五、育肥羊的饲养管理

（一）育肥前的准备

肉羊养殖应在年初确定生产计划，做好经营管理工作。组织适度规模的羊群，进行去势、驱虫等工作，为后期育肥做好准备。

育肥羊群一般分两种。一是不作种用的冬、春公、羔集中育肥。有条件的羊场可组织批量生产，规模500～2 000只；农区每户可饲养50～100只；饲料条件、人力和物力都较好的饲养户，还可扩大规模。育肥肉羊达到出栏体重即可出栏。二是将老、弱、残及淘汰羊组织集中育肥。根据草料条件，组织适度规模的羊群，育肥3～6个月即可出栏。

1．去势

对不留作种羊的公羔在生后一个月左右进行去势，去势后性情温顺，易于管理。去势的方法常用：①睾丸切除法，去势时由一人固定羔羊，另一人将阴囊附近的毛剪去，用碘酒消毒，再用消毒过的手术剪刀把阴囊切开，将两睾丸挤出，再用碘酒消毒，防止细菌感染，化脓发炎；②结扎法，用橡皮筋将阴囊颈部扎紧，阻断与睾丸的血液流通，半个月左右结扎的部位可坏死脱落。

2．驱虫

在温暖湿润的南方地区，肉羊容易感染内外寄生虫，阻碍其生长发育。育肥羊，在育肥前一定要驱虫和药浴。

（二）育肥的方式

肉羊育肥，根据不同地区的自然条件和饲料资源，通常可分为放牧育肥、舍饲育肥和半舍饲育肥三种方式。

1．放牧育肥

放牧育肥就是在有一定草山草坡面积的地区采用放牧的方法达到增重、育肥的目的。对当年公羔或羯羔，或无繁殖能力的公、母羊，采用放牧育肥方法，一般 80 ~ 90 d 就能达到膘肥肉满适宜屠宰的程度。放牧育肥的重点是选择好放牧地点，草场面积宽的地区可采取分区轮牧。充分利用夏、秋季节牧草丰茂的优势，延长放牧时间，早出牧，晚收牧，使羊吃得饱，增膘快，到秋末出栏屠宰时达到最高体重。分区轮牧，就是按天然草地的面积和数量划分为若干个小放牧区，按照一定的秩序轮回放牧。分区轮牧有很多好处：一是可使羊只经常采食到新鲜、幼嫩的牧草，适口性好，吃得饱，增长快；二是可使牧草和灌木枝叶得到再生的机会，提高草地的载畜量和牧草的利用率。放牧育肥的注意要点：人不离羊，羊不离群；防止损坏林木和庄稼；防止兽害和采食有毒植物；定期驱虫、药浴和补喂食盐。

2．舍饲育肥

所谓舍饲育肥，就是羊完全在羊舍内喂羊，使羊只获得较高的日增重，在一定时间内达到育肥的目的。这种方法周转快，产肉多，经济效益高，适合集约化、工厂化生产和无放牧草场的地方采用。舍饲育肥的技术关键是：合理配制混合饲料，采用科学的饲喂方法和管理方式。根据不同的品种和体重大小以及日增重情况，调整日粮组成和每天的饲喂量。

配制日粮既要考虑日粮的营养价值又要饲养成本低，尽量选用青粗饲料，例如青干草、青草、树叶、农作物秸秆，同时饲喂混合饲料。每天每只羊可喂优质青干草 1 ~ 2 kg 或青粗饲料 5 kg 左右，混合饲料 0.5 ~1 kg。对体重大和瘦弱羊只，应酌情增加喂量。饲喂的顺序是先粗后精，即粗饲料—混合饲料—多汁饲料。喂混合饲料的时间，一般在早晚分两次喂，并防止羊只互相抢食。喂羊的饲料要清洁、新鲜，调制好的饲料应及时饲喂，防止霉变，青贮饲料随取随喂。舍饲育肥应注意的问题：每天给羊只供应清洁的饮水；减少羊只的运动量；搞好圈舍消毒和环境卫生。

3. 半舍饲育肥

所谓半舍饲育肥，就是采用放牧与补饲相结合的方法，使育肥羊在一定时间内获得较高的日增重，达到育肥的目的。这种育肥方式适宜于放牧地较少的地区。目前，四川省大多数地方在肉羊育肥的后期都采用这种育肥方式。半舍饲育肥的优点是：既能充分利用夏、秋季丰富的牧草，又能利用各种农副产物及部分精饲料，特别在育肥后期适当补饲混合饲料，可以增加育肥效果。半舍饲育肥要求：既要抓好放牧工作，又要抓好补饲工作。放牧管理与放牧育肥相同，补饲工作与舍饲育肥有所不同，补饲的饲料量比全舍饲育肥低一些。一般每天每只羊可补喂混合饲料 0.25 ~0.5 kg，青绿饲料 1 ~2 kg，出栏前补饲育肥 2 ~3 个月，可以有效地提高屠宰前体重和产肉量。

（三）育肥的阶段管理

育肥阶段的划分应根据羔羊体重的大小确定，不同阶段补饲的饲料组成、补饲量都有所不同。一般来说，在育肥前期，由于羊的身体各个器官和组织都在生长发育，饲料中的蛋白质含量就要求高；在育肥后期，主要是脂肪沉积时所需的能量饲料的比例应加大。在管理上，育肥分为育肥前期、育肥中期、育肥后期三个阶段。

1．育肥前期

观察羔羊对育肥期饲养管理是否习惯，有无病态羊，羔羊的采食量是否正常，根据采食情况调整补饲标准、饲料配方等。

2．育肥中期

育肥中期应加大补饲量，增加蛋白质饲料的比例，注重饲料中营养的平衡和质量。

3．育肥后期

育肥后期在加大补饲量的同时，增加饲料中的能量，适当减少蛋白质的比例，以增加羊肉的肥度，提高羊肉的品质。补饲量的确定应根据体重的大小，参考饲养标准补饲，并适当超前补饲，以期达到应有的增重效果。

无论是哪个阶段都应注意观察羊群的健康状态和增重效果，及时调整育肥方案和技术措施。

第七章　羊场废弃物处理

羊场应建有粪污处理区，位于养殖场生产区、生活管理区、辅助生产区、隔离区主导风向的下风向和地势最低处，满足兽医卫生防疫要求，保持适宜卫生安全间距，可建造防疫隔离绿化屏障，与生产区有专用道路相连，与场外有专用大门和道路相通，方便粪污运输。

第一节　收集与运输

一、清粪方式

羊粪的收集和运输是肉羊舍饲养殖过程中的重要环节，及时清粪可有效改善舍内空气环境质量，减少疾病发生，对提高动物福利和促进养羊生产具有积极促进作用。生产上规模化羊场广泛应用漏缝地板，漏缝地板可以有效使羊粪尿从地板缝隙漏到下方承接粪便的地面，之后进行人工或机械清粪。利用羊粪特性，根据当地地理气候情况，选择合适的粪污收集方式。采用机械方式对粪便进行收集和运输，可有效降低劳动强度，提高舍内环境质量。

（一）人工清粪

人工清粪是一种传统的清粪方式，先由人工清粪，包括垫料，再由推车运送至羊场内废弃物处理区进行集中处理。人工清粪仅需使用铁锨、铲板、扫帚等清扫工具或少量清粪推车，设备简单，投资较少，但人力劳动成本较大，且易造成运输过程中粪便溢撒，污染场内其他洁净地区。

（二）机械清粪

随着现代肉羊舍饲养殖的发展，羊场标准化、设施化、智能化水平提高，为降低产业发展受人力资源制约的问题，可通过自动干清粪工艺，减少粪污在舍内的停留时间，降低清粪用水量和舍内有害气体浓度，提高舍内环境舒适度，然后采用清粪铲车、输送带或刮粪板将粪便集中舍外积粪池或收集点，再运输至场内废弃物处理区进一步处理的清粪方式。其机械化程度较高，适用于较长和设施装备较好的羊舍，设备投资大，需要一定的维修保养成本。

二、清粪设施

（一）漏粪板（见图7-1）

为便于羊场清粪和粪污收集，羊场养殖地面普遍采用“高床+漏粪板”羊床。根据具体实际情况，羊床可采用竹木结构、水泥结构、塑胶结构、铸铁结构、复合材料结构等。

1. 漏缝板

漏缝板羊床宜采用竹木结构，离地面0.6~0.8 m，缝宽1~1.5 cm，条宽3~5 cm，条厚3 cm，排列方向与饲槽平行。也可采用其他材料，但要求缝宽与竹木结构一致，排列方向与饲槽平行。

图 7－1　羊床漏缝板

2. 漏孔板（见图 7－2）

保温条件设施较好或常年温暖地区的羊场养殖地面也可采用锰钢筛网，它是一种用于筛分过滤的金属网状结构元件，一般离地面 0.6～0.8 m，孔径 16 mm，网丝粗 2～2.5 mm，承梁间距 30～40 cm，材质热镀锌锰钢网，羊床到饲槽上沿 40 cm。

图7-2　漏孔板

（二）粪污沟（池）

羊床漏缝板下通常采用不同形式的粪污沟，如平底粪沟、斜坡粪沟、V形粪沟等，粪沟内可以设置垫料或刮板或输送带清粪。根据清粪方式和设备差异，采用不同的粪污沟（池）。

1. 平底式（见图7-3）

通常采用平底式粪污沟为高床羊舍，且羊床离地面高度需满足人工清粪或机械铲车清粪作业高度。粪沟底部可硬化方便人工清粪或机械铲车清粪进出，也可在不硬化底部铺设垫料、矿渣等直接舍内发酵后，定期清理后用作肥料。

图7-3　平底式

2. 坡式

为了节约成本，降低羊舍高度和平底式人工清粪工作强度，可根据当地实际情况，采用以下几种粪污沟方式，底部均需使用水泥找平，提高清粪效率。

(1) 单一斜坡式（见图7-4）

利用羊粪形状特征，采用斜坡的方式使羊粪自动滚落至外侧，人工清粪可直接在舍外一侧清粪，可降低劳动强度。一般来说，斜坡坡度不低于30°，且斜坡纵深为单个单位栏位宽度。

图7-4 单一斜坡式

(2) 斜坡平底式（见图7-5）

部分规模化羊场栏位纵深较大，采用单一斜坡的方式不能满足羊粪自动滚落的坡度，可采用斜坡后端增加平底的方式，后端为狭长平底通道进行羊粪收集，避免全斜坡粪便滚落至舍外或运动场内造成的二次污染。

图7-5 斜坡平底式

(3) 漏斗式（见图7－6）

单一斜坡或是斜坡平底方式为清粪方便均需在养殖舍一侧开较大清粪操作口，不利于羊舍冬季保温。因此，对保温要求较高的地区可采用漏斗式粪污沟，减少清粪口大小，圆锥体坡度不低于30°。

图7－6 漏斗式

(4) 双层斜坡式（见图7－7）

按照粪污处理源头减量化的思路，降低后端处理难度，提高生产效率，同时降低舍内粪污混合发酵产生的臭气，可采用双层斜坡的方式实现早期粪污分离。上层采用锰钢网设计，孔径16 mm，坡度不低于30°；下层采用水泥地面，坡度最高不得高于上层坡度，最低不得低于10°，以10°～20°为宜。下层尾端（两层夹角）铺设污水管道。上层尾端设干粪清理通道和清粪口，也可尾端安装传输带进行机械清粪。

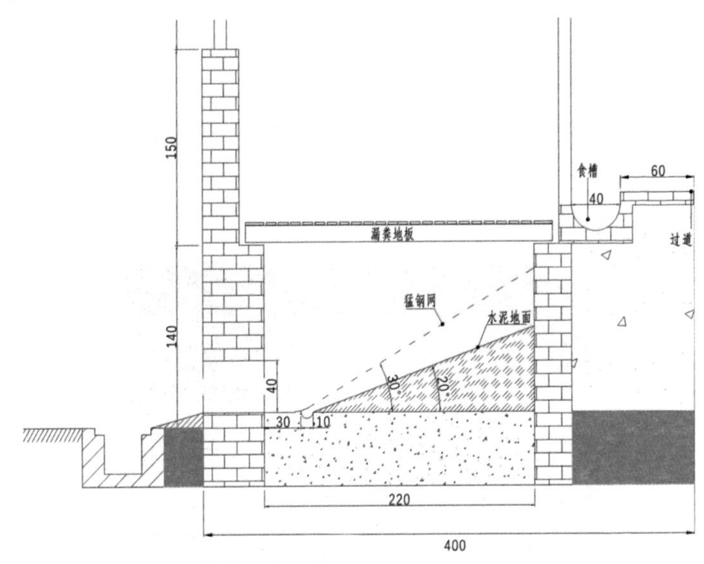

图 7－7　双层斜坡式　单位：cm

3．刮粪沟

刮板清粪是规模羊场清粪的发展趋势，是目前主要清粪方式。羊舍内粪尿通过漏粪板进入粪沟，再用刮粪板将粪尿刮到主粪沟，再集中到集粪池处理，最大限度减少清粪用水。目前，刮板清粪有平板式刮板和 V 型刮板两种类型，需根据不同类型修建不同刮粪沟。

（1）平板式刮板粪污沟（见图 7－8）

可根据羊舍长度和宽度设计平板斜坡粪污沟，电机和集粪池位于羊舍污道一侧，一般宽度 1.2～3 m，单个栏位较宽时可分为 2 个刮粪通道，每个刮粪通道净宽度为 1～1.5 m，深度 0.6～1 m。地面应设 3°～10°纵向坡度，在圈舍尾端的刮粪沟外侧建设，坡度较低一侧设横向集粪池。集粪池可分为上下两层，加盖，防渗漏设计。上层收集干粪后进入干粪处理区；下层收集污水，经管道转移至沼气池进行污水处理。

图 7-8　平板式刮板粪污沟

（2）V 形刮板粪污沟

粪污沟在横向呈 V 字形结构，坡度为 10°，在粪道下方埋设导尿管，导尿管上部开有细长孔。尿液通过漏缝板到 V 形坡面后流入中间导尿管中。导尿管及粪道纵向坡度 3‰～6‰。铺设导尿管用砂浆固定，保证导尿管在地沟中间位置；沟内回填，做沟底碎石垫层；浇注垫层，磨平，保证粪沟池底平整光洁。末端可采用集粪沟（见图 7-9）。

图 7-9　V 形刮板粪污沟及导尿管

三、设备

（一）刮板清粪机（见图 7-10、图 7-11）

1. 环形链式刮板清粪机

环形链式刮板清粪机主要由链条、刮板、驱动装置、导向轮和张紧装置等部分组成。后半部分形成倾斜，可将羊粪输送到舍外运输车上，工作时驱动装置带动链条在环形粪沟内进行单向运动，链条上刮粪板将羊粪带到运输车上。粪沟断面形状与刮粪板尺寸相匹配，以便自由上下倾斜，确保清粪效果。

2. 往复式刮板清粪机

环形链式刮板清粪因做循环刮粪，一般作业距离较长，对设备和建设要求较高，机器故障率较高。因此，目前羊场机械清粪多采用往复式刮板清粪。刮板清粪机主要包括主机、控制箱、行程开关、刮粪板、牵引绳、转角轮及相关配件组成。刮粪机运行时，在牵引绳的引导下，一个驱动电机带动两个刮板形成一个闭合环路，其中一个刮板落下进行刮粪，另一个刮板抬起后退不清粪；当刮粪刮板机碰撞到行程开关后，牵引绳立即反向运动，此刻两台刮粪板行进方向与前一过程相反，当刮粪机械碰到行程开关后，牵引绳停止运转，此为一刮粪周期。刮粪过程中速度恒定，环路四周有转角轮定位、变向，确保刮板行走稳定。整机工作时一组刮板刮粪，另一组刮板空程返回。配套电机选择时需考虑工作行程主机功率。整机功率大小按照圈舍饲养密度、产粪量及清粪频率等情况进行计算。若使用 V 型刮板系统，刮粪机的刮粪方向与污水排放方向相同，两个地沟为一循环，一侧刮粪，实现了粪尿分离，刮出的干粪采用传输带运送到干粪堆场进行处理，导尿管收集的尿液进入沼气池进行沼气发酵处理。这样更加便捷高效，更符合环保要求，值得大力推广应用。

自动清粪机在操作上可分为手动和自动两种操作模式，手动可以根据羊粪的多少随时开机清理，自动则由控制箱设定运行频率自动清理粪便。每天刮粪次数可根据羊场规模和粪便排放规律设定，切忌长时间不刮粪，一刮粪就使机械负荷过重。

图 7-10　羊场平板式刮粪机

图 7-11　羊场 V 形刮板清粪机

（二）清粪铲车（见图 7-12）

清粪铲车主要由清粪铲、粪铲臂、升降机构和调节架等部件组成，也可根据相关原理自制，安装在手扶拖拉机前。羊舍设计需保证清粪铲车作业通道和高度。

图 7-12　清粪铲车

（三）输送带式清粪（见图7-13）

输送带式清粪机适用于高床羊舍，主要包括减速电机、传动装置、滚轮、刮粪板和输送带组成，可安装在漏缝地板下粪污沟底部。电机启动后，传动装置带动输送带移至羊舍另一端集粪池。也可利用羊粪特点，配合坡式集粪沟，降低输送带宽度，减少设备投入。

图7-13　输送带式清粪

第二节　干粪处理

一、贮粪池（场）

羊场固体粪便暂存池（场）容积需考虑饲养规模、每日粪便产生量、贮存时间等因素，贮粪池（场）容积为0.1~0.3 m^3/只，宜采用地上带有雨棚的“Π”型槽式堆粪池，雨棚下玄与地面净高不低于3.5 m；地面向槽口倾斜坡度为1%，坡底设排污沟，污水排入污水贮存设施，墙体高度不宜超过1.5 m，深度不超过1 m，厚度不少于240 mm，设施应进行防渗漏处理（见图 7 - 14）。

7 - 14　羊场干粪堆放大棚

二、处理技术

由于饲料构成（主要为青饲料）的不同，羊粪中可能含有病原微生物、寄生虫、草籽，需进行无害化处理后利用。常见固体粪便处理方法有堆肥法、干燥法等。

（一）堆肥法

羊场固体粪便采用堆肥处理方式较为常见，设施发酵容积不小于 0.000 7 m^3 ×发酵周期（d）×设计存栏量（只）。

1. 工艺流程

通常由前处理、发酵、后处理和贮存等工序组成。固体粪便堆肥发酵工艺流程见图 7 - 15。

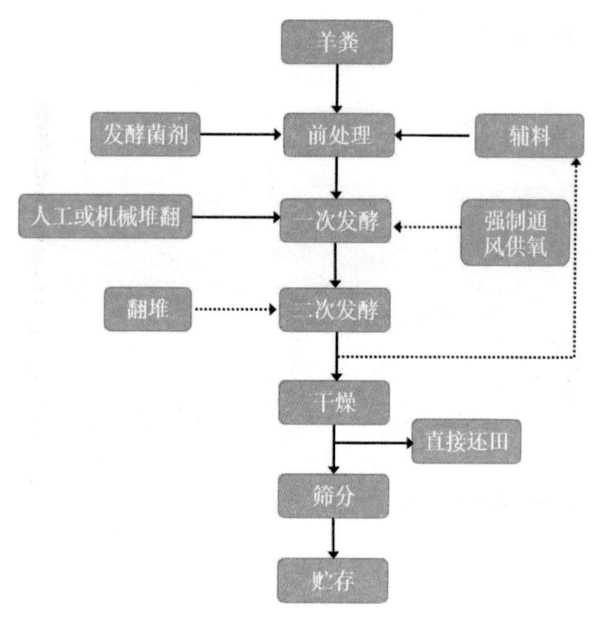

图7－15 固体粪便堆肥发酵工艺流程

（1）预处理：粪便堆肥预处理主要是调整水分和碳氮比，添加微生物发酵菌剂等。

（2）发酵：好氧发酵堆肥过程包括两个阶段，一次发酵和二次发酵。一次发酵阶段即高温发酵腐熟阶段，通常需要向堆积层或发酵装置中供氧，堆肥原料中的微生物吸取有机物中的碳、氮等养分，在合成细胞质自身繁殖的同时，分解细胞内吸收的物质以产生热量。二次发酵阶段即后熟阶段，是将一级发酵未分解的、易分解及相对难分解的有机物进一步分解，使之转化成相对稳定的腐殖酸、氨基酸等有机物，得到完全成熟的堆肥成品。此阶段可自然通风，有保氮作用。

（3）后处理：堆肥成品需要经分选去除杂质，并根据需要，如生产商品肥料还要进行再干燥、破碎、造粒以及打包、压实选粒等工序。总之，实际操作中，后处理的有关工序应根据需要确定。

（4）堆肥贮存：堆肥发酵受场地和时间限制，一般应设有至少能容纳6个月产量的贮存设施。

2. 影响因素

堆肥的影响因素包括：含水率、供氧、碳氮比、温度、pH值等。

（1）水分：在预处理阶段，堆肥的初始含水量一般应为40%～60%，当有机物含量低且环境温度低时，宜取下限，反之取上限。在第一次发酵堆肥过程中，40%～60%（按重量计）的含水率最有利于微生物的分解。第二次发酵过程中的物料含水量应控制在35%～45%。

（2）温度：第一次发酵温度维持45～50 ℃的时间≥14 d，或50～55 ℃的时间≥10 d，或55～60 ℃的时间≥7 d，或60 ℃以上≥5 d。

（3）供氧：一级发酵过程中，每个测试点的氧气浓度应不低于10%，一般认为，含氧量低于8%会引起厌氧发酵而产生臭气。

（4）碳氮比：微生物达到最佳生物活性的关键因素是堆肥原料的碳氮平衡。堆肥原料的碳氮比应保持在25～30∶1之间。若碳氮比过高，细菌和其他微生物的活动会受到限制，有机物分解速度会变慢，堆肥发酵时间会变长，同时还会导致堆肥产品的碳氮比过高。若碳氮比过低，则可供消耗的碳素较少，而氮相对过剩，氮以 NH_3的形式迅速降解挥发，造成氮元素的大量损失，降低肥效。一般来说，加入秸秆、菌渣等蓬松剂进行调节碳氮比，羊粪和辅料体积比为 1∶3。

（5）pH 值：一般微生物最适宜的 pH 值是中性或弱碱性（6.5~8.5），pH 值是评估微生物环境的一个参数。在整个堆肥过程中，pH 值随堆肥阶段时间和温度的变化而变化。

（6）堆肥时间：肥运行所需时间因碳氮比、湿度、天气条件、堆肥运行管理类型等而异。一般来说，一次性发酵工艺的发酵周期不应少于 30 d，二次性发酵工艺的一级发酵和二级发酵时间均不应少于 10 d。

3. 堆肥方式

由于羊场规模和清粪方式的差异，羊场干粪处置基本采用高温好氧发酵技术进行堆积发酵，需要充分腐熟后方可施用，主要有自然堆肥发酵法、条垛式堆肥发酵法和槽式堆肥发酵法三种堆肥发酵方式。

（1）自然堆肥发酵：是指将干粪堆成一个堆体或倒入发酵池内，利用粪便内微生物进行繁殖自然发酵，也可以人工添加微生物菌剂，一般很少翻堆，让物料在自然环境下缓慢发酵，达到发酵腐熟的目的。这种方法比较传统，发酵腐熟周期长，一般需要半年甚至两年时间。由于翻堆少，甚至不翻堆，物料发酵缺少足够的氧气供应，可能导致发酵失败。羊粪自然堆肥发酵及翻堆见图 7-16、图 7-17、图 7-18。

图 7－16　羊粪自然堆肥发酵

图 7－17　自然堆肥发酵堆体制作

图 7－18　羊粪自然堆肥人工翻堆

目前，羊场普遍饲养规模不大，而条垛式堆肥和槽式堆肥法一次性投资较大，羊场采用较少，可采用羊粪自然堆肥 + 人工辅助发酵的办法进行无害化处理，但需注意以下几点：

①羊粪自然堆肥堆体规格：长条状，高度 1.5 ~2 m，宽度 1.5 ~3 m，长度根据场地大小和养殖规模确定。

②堆体堆积方法：先将羊粪比较疏松地堆积在最下一层，待堆温上升至 60 ~70 ℃时，保持 3 ~5 d，或待堆温自然稍降后，将粪堆压实，而后再堆积加新鲜粪一层，如此层层堆积至堆体高度 1.5 ~2 m 为止，用泥浆或塑料膜密封。特别是在多雨季节，粪堆覆盖塑料膜可防止粪水渗入地下污染环境。

③水分控制：含水量保持在50%～60%，手捏成团不松散，无水流出。

④堆肥时间：冬季发酵时间一般为7周，夏季为4周，后熟陈化时间一般需要2～4个月；发酵后的羊粪可贮存3～6个月。

⑤通风供氧：为促进发酵速度，可在料堆中竖插或横插相当数量的通气管。

（2）条垛式堆肥发酵：条垛堆肥系统是从传统堆肥逐渐演化而来的，将混合好的粪便和辅料混合物在土质或水泥地面上排成行，经过机械设备周期性地翻动的长条形堆垛。

条垛的高度、宽度和形状随原料的性质和翻堆设备的类型而变化，条垛的断面可以是梯形、不规则四边形或三角形，常见的堆体高1～1.2 m，宽2～8 m，条垛堆体的长度可根据堆肥物料量和堆场的实际位置来确定，一般在30～100 m。条垛堆肥所需氧气主要是通过条垛里的热气上升形成的自然通风进行供氧，同时翻堆过程中的气体交换也可在一定程度上供氧。堆肥过程中要对条垛进行周期性的翻动，使其结构得到调整，条垛堆肥的翻堆主要通过翻堆机完成，机器的使用大大地节省了劳力和时间，使原料能充分混合，堆肥也更加均匀。

条垛堆肥的最大优点在于：设备投资低，翻堆机、铲车是主要设备；该技术简便易行，操作简单。缺点是：堆垛的高度相对较低，占地面积相对较大，堆垛发酵和腐熟较慢，堆肥周期较长。

（3）槽式堆肥发酵：槽式堆肥是堆肥过程发生在长而窄的被称作“槽”的通道内，通道墙体的上方架设轨道，在轨道上有一台翻抛机可对物料进行翻抛的堆肥方式，根据羊场养殖规模可设置不同长度和宽度。羊场通常采用行走式小型有机肥翻抛机，宽度 2～10 m，深度 1.5～3 m，包括行走机构、抛翻机构、驱动机构、隔墙和翻抛框架（见图 7－19）。

图 7－19　槽式堆肥发酵

（二）干燥法

1. 自然干燥

自然干燥是最简易的粪污处理方法。将新鲜的羊粪便均匀地铺在水泥地面或塑料布上，经常翻动，使其自然晾干。这种干燥方法的优点是：成本低，易操作。缺点是：处理规模较小，受季节及天气影响较大，干燥时易产生臭味，不适合作为集约化养殖场的主要处理技术。

2. 高温快速干燥

高温快速干燥需要干燥机，我国用的干燥机大多为回转式滚筒。经过滚筒干燥，羊粪便在 500～550 ℃的高温作用下，在短时间内（约数十秒钟）可将水分含量降到 13% 以下。此法的优点是：不受天气影响，干燥快速，可以大批量生产，可同时达到去臭、灭菌、除杂草等效果。缺点是：一次性投资较大，养分损失大，成本高。

3. 烘干膨化干燥

这种方法主要是利用热效应和喷放机械效应两个方面的作用，对羊粪便进行除臭、杀菌灭卵，以达到卫生防疫的要求。主要方法是：将羊粪便运到有搅拌机械和气体蒸发的干燥车间，置于低温干燥机中，使含水量降到13%以下，便于储存和利用（见图7－20）。

图7－20　烘干后的羊粪

4. 羊粪生物炭

羊粪除堆肥发酵处理，可制成生物碳作为土壤改良剂。将羊粪进行烘干、粉碎处理，过筛之后，在马弗炉碳化，可得羊粪生物炭（SMB）。制得的SMB属于新型、高效、可再生资源的生物炭吸附剂，能起到清洁水源和土壤、过滤和吸附重金属的作用。研究表明，SMB对水溶液中铅、锌、镉和铜重金属均有吸附作用，在适宜条件下（控制pH值），能接近100%的吸附率。同时，SMB还是溶液或土壤中铵根、硝酸根、磷酸根的优良吸附剂，将SMB作为有机肥施入土壤后能吸附多种离子，进而减少氮、磷的淋溶损失，提高土壤肥力，是一种优良的土壤改良剂。

第三节　污水处理

羊场污水主要来源于羊只产生的尿液、羊舍冲洗用水、滴漏饮水、饲料加工产生污水以及场内生活污水等，该类污水含有高浓度的有机物、氨氮等，对羊场及周边环境会造成严重影响。因此，应对肉羊养殖过程中产生的污水进行无害化处理，减少终端污染物处理量，科学促进肉羊产业可持续发展。

一、污水收集

羊场污水收集之前首先采用雨污分离、饮污分离、干湿分离等技术手段减少污水的产生量，降低末端治理的难度和成本（见图7－21）。

图7－21　羊场污水收集

（一）雨污分离

在羊舍建造时实行雨水和污水收集输送系统分离。雨水收集后就近就地排放，污水收集系统则将养殖污水收集输送至污水处理系统内进行处理。

（二）饮污分离

羊舍内采用碗式饮水器降低饮用水浪费和污水排放量。有条件的羊场建造时设计良好的饮水系统，实现饮用水残水和污水分离，减少饮水浪费，防止饮用水进入污水中，从源头减少污水量。

（三）干湿分离

通过羊场粪污沟（池）设计，在粪污收集设施中将粪便和污水分开，最大限度地保存粪中的营养物质，同时减少污水中污染物的浓度，为干粪加工生产有机肥料提供较好的原料基础，降低后端处理难度。

二、污水暂存池

羊场污水暂存池的设计按照《畜禽养殖污水贮存设施设计要求》（GB/T 26624）执行，主要包括选址要求（与固体粪便暂存池类似）；容积包含养殖污水、降雨和预留体积三部分，养殖污水体积要考虑养殖数量、每日最高允许排水量、贮存时间，降雨体积要考虑25年来设施每日收集的最大雨水量与平均降雨持续时间，预留体积宜预留0.9 m高的空间；类型根据土质和水位情况有地下式和地上式两种；暂存池地面要高于地下水位0.6 m以上，高度或深度不超过6 m；进水管道直径最小为300 mm。暂存池（场）均应满足防渗、防雨、防溢流等要求。若羊场沉淀池、氧化塘、沼气池能够满足羊场污水量存储要求可不单独建造。氧化塘、沉淀池、沼液贮存池容积不小于日粪污产生量（m^3/只）×贮存周期（d）×设计存栏量（只）；每头羊日产生量推荐值为0.004 m^3，具体可根据养殖场实际情况核定（见图7－22、图7－23）。

图 7－22　羊场沼气池

图 7－23　羊场沼液储存池

三、污水处理技术

（一）厌氧发酵技术——沼气发酵技术

沼气发酵又称为厌氧消化，是指有机物质（如粪便、秸秆、杂草等）在一定的水分、温度和厌氧条件下，通过种类繁多、数量巨大且功能不同的各类微生物的分解代谢，最终形成甲烷和二氧化碳等混合性气体（沼气）的复杂的生物化学过程。

通常羊场采用常温发酵工艺，是指在自然温度下进行沼气发酵，发酵温度受气温影响而变化。其特点是：发酵料液的温度随气温、地温的变化而变化，一般料液温度低于 10 ℃以后，产气效果较差。其好处是：不需要对发酵料液温度进行控制，节省保温和加热投资；其缺点是：同样投料条件下，一年四季产气率相差较大。南方农村沼气池一般建在地下，还可以维持产气量。北方的沼气池则需建在太阳能暖圈或日光温室下，这样可确保沼气池安全越冬，维持正常产气（见图 7－24）。

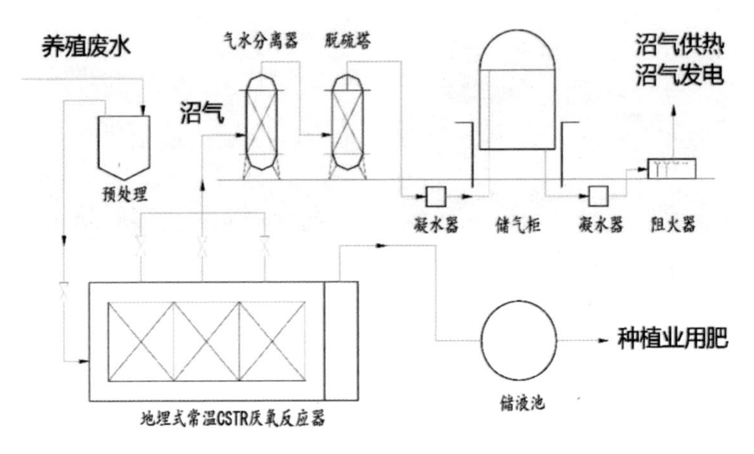

图 7－24　地下式常温沼气发酵工艺流程

（二）好氧发酵技术——氧化塘

氧化塘又称稳定塘或生物塘，是一种利用天然净化能力对污水进行处理的构筑物的总称，其净化过程与自然水体的自净过程相似。稳定塘适用于有湖、塘、洼地可供利用，且气候适宜、日照良好的地区。蒸发量大于降雨量地区使用时，应有活水来源，确保运行效果。稳定塘是自然的水泊或者人工建立的池塘，设置围堤和防渗层，利用藻类和微生物形成一个生态系统，藻类进行光合作用提升水中的氧气含量，而好氧细菌则可以将有机污染物分解成为二氧化碳和含氮无机物，用于藻类的正常生长。氧化塘的优点是：土建投资少，建造可利用天然的山塘、池塘，机械设备的能耗少，有利于废水综合作用。其缺点是：受土地条件的限制，也易受气温、光照等的直接影响，管理不当可滋生蚊蝇，散发臭味而污染环境。

第四节　病死及病害羊处理

病死及病害动物无害化处理是指用物理、化学等方法处理病死及病害动物和相关动物产品，消灭其所携带的病原体，消除危害的过程。

为进一步规范病死及病害动物和相关动物产品无害化处理操作，防止动物疫病传播扩散，保障动物产品质量安全，农业部（现农业农村部）于 2017 年 7 月 3 日印发了《病死及病害动物无害化处理技术规范》（农医发〔2017〕25 号）（以下简称该规范）。

该规范要求，国家规定的染疫动物及其产品、病死或者死因不明的动物尸体，屠宰前确认的病害动物、屠宰过程中经检疫或肉品品质检验确认为不可食用的动物产品，以及其他应当进行无害化处理的动物及动物产品，必须按该规范要求进行无害化处理。

该规范明确了病死及病害动物无害化处理的技术工艺和操作注意事项等。病死及病害羊处理需按照本规范进行执行，区域内采用集中无害化处理方式，按要求交于第三方进行无害化处理，其余需采用以下方法对场内病死及病害羊和相关动物产品进行无害化处理。

一、焚烧法

焚烧法是指在厌氧和富氧条件下，在焚烧容器中氧化或热解病死及病害羊只和相关羊产品的方法。

（一）直接焚烧法

直接焚烧法是指将病死及病害羊只和相关羊产品或破碎产物，投至焚烧炉本体燃烧室，经充分氧化、热解，产生的高温烟气进入二次燃烧室继续燃烧，产生的炉渣通过出渣机排出。

操作要求：

1. 燃烧室温度应不低于 850 ℃。燃烧所产生的气体从最后的助燃空气喷射口或燃烧器出口到换热面或烟道冷风引射口之间的停留时间应不低于 2 s。焚烧炉出口烟气中的氧气含量应为 6% ~10%（干气）。

2. 二次燃烧室出口烟气经余热利用系统、烟气净化系统处理，达到《大气污染物综合排放标准》（GB 16297）要求后排放。

3. 焚烧炉渣与除尘设备收集的焚烧飞灰应分别收集、储存和运输。焚烧炉渣作为一般固体废物进行处理或作为资源利用；焚烧飞灰和其他尾气净化装置收集的固体废物需按《危险废物鉴别标准》（GB 5085.3）要求作危险废物鉴定，如属于危险废物，则按《危险废物焚烧污染控制标准》（GB 18484）和《危险废物贮存污染控制标准》（GB 18597）要求处理。

（二）炭化燃烧法

炭化燃烧法是指病死及病害羊和相关产品投至热解炭化室，在无氧条件下经充分热解，产生的热解烟气进入二次燃烧室继续燃烧，产生的固体炭化物残渣通过热解炭化室排出。

操作要求：

1. 热解温度应≥600 ℃，二次燃烧室温度≥850 ℃，焚烧后烟气在 850 ℃以上停留时间≥2 s。

2. 烟气经过热解炭化室热能回收后，降至 600 ℃左右，经烟气净化系统处理，达到《大气污染物综合排放标准》（GB 16297）

要求后排放。

二、填埋法

填埋法是指发生动物疫情或自然灾害等突发事件时病死及病害羊的应急处理，以及偏远和交通不便地区零星病死羊的处理。不具备焚烧条件的养殖场应设置2个以上安全混凝土填埋井，井口加盖密封。装载羊尸体的容器必须经过蒸汽消毒灭菌，运输尸体的车辆应清洗、消毒。

操作要求：

1. 深埋坑体容积以实际处理羊尸体及相关产品数量确定。

2. 深埋坑底应高出地下水位1.5 m以上，要防渗、防漏。

3. 坑底撒一层厚度为2~5 cm的生石灰或漂白粉等消毒药。

4. 将羊尸体及相关羊产品投入坑内，最上层距离地表1.5 m以上。

5. 撒生石灰或漂白粉等消毒药消毒。

6. 覆盖距地表20~30 cm，厚度不少于1~1.2 m的覆土。

三、高温高压化制法

高温高压法是指将病死羊尸体放入水解反应罐中，利用高温、高压条件将病死羊尸体消解，处理后的产品为无菌水溶液及骨渣，此过程可彻底杀灭化制所有病原微生物。

（一）干化法

干化法是指将病死及病害羊和相关产品或破碎产物输送入高温、高压灭菌容器。

操作要求：

1. 处理物中心温度≥140 ℃，压力≥0.5 MPa（绝对压力），时间≥4 h。

2. 加热烘干产生的热蒸汽经废气处理系统后排出。

3. 加热烘干产生的羊尸体残渣传输至压榨系统处理。

（二）湿化法

湿化法是指将病死及病害羊和相关产品或破碎产物送入高温、高压容器，总质量不得超过容器总承受力的4/5。

操作要求：

1. 处理物中心温度≥135 ℃，压力≥0.3 MPa（绝对压力），处理时间≥30 min。

2. 高温、高压结束后，对处理产物进行初次固液分离。

3. 固体物经破碎处理后，送入烘干系统；液体部分送入油水分离系统处理。

四、化学处理法

（一）硫酸分解法

硫酸分解法是指在密闭容器中，在一定条件下，用硫酸将病死及病害羊和相关产品进行分解的方法。将病死及病害羊和相关产品或破碎产物，放入耐酸的水解罐中，按每吨处理物加入水150～300 kg，再加入98%的浓硫酸300～400 kg。

操作要求：

密闭水解罐，加热使水解罐内温度升至100～108 ℃，维持压力≥0.15 MPa，反应时间≥4 h，至罐体内的病死及病害羊和相关产品完全分解为液态。

（二）化学消毒法

1. 盐酸食盐溶液消毒法

将等量的2.5%盐酸溶液和15%食盐水溶液混合，将皮张浸泡在该溶液中，并保持溶液温度在 30 ℃左右，浸泡 40 h，1 m^2的皮张用 10 L 消毒液（或按 100 mL 25% 食盐水溶液中加入1 mL盐酸配制消毒液，在室温 15 ℃条件下浸泡 48 h，消毒液与皮张之比为 4∶1）；浸泡后捞出沥干，放入 2%（或 1%）氢氧化钠溶液中，以中和皮张上的酸，再用水冲洗后晾干。

2. 过氧乙酸消毒法

新鲜配制的 2% 过氧乙酸溶液浸泡皮张 30 min；然后将皮毛捞出，用水冲洗后晾干。

3. 碱盐液浸泡消毒法

将皮毛浸泡在 5% 碱盐液（饱和盐水内加 5% 氢氧化钠）中，室温（18～25 ℃）浸泡 24 h，并随时加以搅拌；取出皮毛挂起，待碱盐液流净，放入 5% 盐酸液内浸泡，使皮上的酸碱中和；将皮毛捞出，用水冲洗后晾干。

五、生物降解法

生物降解处理法是一种新的病死和病害动物无害化处理方法，指使用微生物分解动物残体，实现无害化处理的目的。

（一）技术原理

采用微生物分解原理实现降解，即利用病死羊尸体中的氮，使其参与到有益微生物生活繁衍的过程中，加快有益微生物繁殖速度，使病死羊尸体等有机物快速矿质化和腐殖质化，达到分解的目的。同时，充分利用处理过程中释放的能量（可持续维持在 50 ℃以上），杀灭其中的病原微生物和虫卵。可通过建设生物发酵池和使用专用设备进行。

(二)处理技术

1. 生物发酵池

将木屑和稻壳按一定比例放入发酵池内，反复搅拌并喷水，其干湿程度以手握成团不出水、松手即散为宜（水分含量最优为45%），拌匀备用。将准备好的发酵原料铺在池底20～30 cm，从发酵池的一端依次填埋病死羊尸体，直至填满整个发酵池，病死羊尸体上面覆盖30 cm厚的发酵原料，发酵7～15 d后进行人工翻耙一次。一般15～20 d内降解基本完成。

2. 专用设备发酵

用电加热容器外层的导热油层，对病死羊尸体进行高温灭菌，采用专用设备将病死羊尸体及其产品进行综合分切、破碎、搅拌、杀菌、加热、发酵、干燥等多个流程，完成对病死羊尸体等废弃物的高温灭菌及快速降解处理，经一段时间发酵直接生产出有机肥（见图7－25）。

图7－25　生物降解处理法专用处理设备

（三）技术特点

1. 工艺简单实用

可根据各地生产规模的需要，建设专用生物发酵池或购买专用处理设备，就地选取垫料，按照推荐的流程操作即可。

2. 处理效果较好

采用微生物处理病死畜禽及其产品，通过微生物的作用达到矿质化为无机物和腐殖化为腐殖质。

3. 环境污染较低

该工艺在封闭的环境中进行，处理过程臭味小，加上有锯末等垫料的吸收作用，不会因渗漏造成地下水污染。

第八章　种养结合

第一节　种养结合概述

推进种养结合是对我国传统农耕文明的传承和发展。精耕细作、种养结合是华夏传统农耕文明的精髓，在人类社会发展的历史长河中发挥了重要作用。改革开放以来，我国现代农业飞速发展，依靠自身力量有效解决了 14 亿人的吃饭问题，全面打赢脱贫攻坚战。但与此同时，我国农业资源环境问题日益凸显，大水大肥大药的粗放型农业发展方式难以为继。如何把传统农耕文明的精华融入到现代农业中，关键还是种养结合。

一、种养结合的概念

种养结合是应用生态学、生态经济学与系统科学基本原理，采用生态工程方法，以畜牧业为中心，指依照动植物之间的食物链关系，匹配组合微生物，形成动植物生产（即种植与养殖）、土地利用过程中物质和能量循环利用，实现经济、生态和社会效益统一、稳定、可持续发展经济发展模式和人工复合生态系统。种养结合是一种结合种植业和养殖业的生态农业模式，该模式是以地区的农业生产资源禀赋条件为依托，充分发挥其比较优势，引导农民适应市场需求合理地调整农业生产结构，增加农民收入，是促进农业可持续发展、乡村振兴的重要途径。

现代种养结合农业系统受益于多样化的生产和种植与养殖环节之间的密切协作，以平衡专业化农业生产和其所带来的环境影响之间的关系。种植业和养殖业生产结合的范围和程度是多样的，根据各地区的发展水平，采用不同的结合方式。从实际角度看，种养结合农业系统可在两个基本范围内进行：通过合作的区域种养一体化，农场内部种养一体化。种养结合农场的协作程度越高，对生态环境越友好。

二、种养结合的优点和意义

与传统种养业分离模式相比，种养结合模式具有以下突出优点和重要意义：

（一）减少环境污染，节约肥水资源

种养结合能够解决畜禽养殖带来的污染和畜禽生产中尿液和冲洗水处理的难点，做到了资源化利用。而且粪尿无害化处理肥田技术是种养结合家庭模式重点主推的技术。畜禽产生的粪尿流入收集池，经过处理可以使其变成具有一定肥效的肥料，这样既可以节约化肥用量和减少水资源浪费，还能减少环境污染，增加土壤有机质、培育土地肥力，同时解决畜禽粪尿不能及时处理的问题。随着农业集约化程度的提高和养殖业的快速发展，过量和不合理使用化肥、农药以及畜禽粪便直接排放造成污染的问题越来越突出。

（二）优化资源配置，形成专业化经营

种养结合的家庭农场由于是农户自己经营，其在生产经营

时会根据自己农场的条件，选择适宜生产的品种，同时会利用更多的时间进行管理，可促进农业生产向精细的专业生产方向发展；同时，对标准化生产的推进、品牌的培育有一定的促进作用，使农产品的市场竞争力大大提高，最终形成综合利用土地资源建设产业化生产基地，优化植被资源布局建立绿色景观环境，合理调配劳力资源组建多元化的劳务队伍。

（三）促进生态农业持续、稳定发展

种植业、养殖业的有机结合，实行农、林、水、草合理的农田布局，增加有机肥的投入量，实行有机与无机相结合，减少无机肥及农药的施用量，同时养殖业、种植业的发展，必将促进并推动农副产品深加工等新业态的发展，提高农村经济综合实力，形成“种养加”一体化的生态农业综合经营体系，大大提高农业生态系统的综合生产力水平。实行种植、养殖相结合并不断加强与完善，将不断提高农业生态系统的自我调节能力，最终达到“经济、生态、社会”效益三者的高度统一，有利于农业持续、稳定地发展。

三、种养结合要素组成

种养结合作为一种高效的人工生态系统，是由生物、环境、人类生产活动和社会经济条件等多因素组成的统一体。每一种模式范围有大有小，可以是小范围庭院生态循环养殖或生态养殖场，也可以是大水体（湖泊、水库）复合生态循环养殖。不管哪一种具体形式，一般都包括下列五项重要组成要素：

（1）农业生物：以动物养殖为中心，包括与之匹配的农作物、饲料作物与牧草、鱼类及其他经济动物。

（2）生存环境：包括自然环境条件（水、光、热、土、气候等）和社会经济条件等。

（3）农业技术：包括动物饲养管理、繁殖及疫病防治，总体结构优化与布局、管理等。

（4）农业输入：包括劳力、资金输入，农用工业及能源、农业科技投入等。

（5）产品输出：多种农畜产品及加工产品输出。

四、种养结合的技术路径

种养结合的技术路径是将畜禽粪污无害化处理后的产物（沼液、肥料）还田，通过植物与土壤环境的共同作用，实现充分消纳。种养结合循环农业的关键是粪污的资源化利用，其利用途径就是肥料和沼液还田。

（一）肥料还田

畜禽粪便无害化处理后形成的商品有机肥是良好的肥料，羊粪有机肥见图 8－1。在有机肥替代化肥行动等宏观政策的推动下，可进一步促进有机肥的生产应用，不仅可降低化肥施用量，更促进畜禽废弃物的资源化利用，对我国生态文明建设具有积极和重要的意义，羊粪有机肥还田施用见图 8－2。

图 8－1　羊粪生产的有机肥

图 8-2 羊粪有机肥还田施用

（二）沼液还田

沼液还田是沼气工程所不可缺少的组成部分，目前主要以沼液输送管网或专用沼液罐车输送到田间储液池，在作物施肥季按需浇灌，实现还田消纳。羊场沼液储存、输送及施用见图 8-3、图 8-4、图 8-5。

图 8-3 羊场沼液储存和输送

图 8-4 羊场沼液输送还田管网

8－5　羊场沼液田间施用

第二节　种养结合测算方法

一、舍饲土地承载能力评估

土地承载能力是指在土地生态系统可持续运行的条件下，一定区域内耕地、林地和草地等所能承载的最大畜禽存栏量。为使种养结合循环农业得以健康可持续发展，就需要科学合理确定单位土地面积可以消纳的畜禽粪便量，从而根据某个养殖场或区域内畜禽养殖量来准确计算出需要配套的土地面积，或者说根据土地面积来准确计算出可以承载多少畜禽养殖量。为便于指导全国开展种养平衡测算，农业部于2018年1月15日印发了《畜禽粪污土地承载力测算技术指南》，给出了畜禽粪污土地承载力的测算方法，该方法和参数为我们科学制定种养结合循环农业发展提供了科学理论依据。肉羊养殖特别是舍饲条件下的养殖需通常采用此方法进行评估，配套草地面积仅适用于人工种草。

（一）测算数据与依据

1. 羊产排污系数

羊粪污排泄量与品种、性别、生长期、饲料，甚至天气等诸多因素有关，根据农业部《畜禽粪污土地承载力测算技术指南》，单位个体羊每日的粪便、尿液粪尿氮和粪尿磷的产排污系数推荐见表8－1。

表8－1 羊排泄养分量推荐值

种类	粪便产生量/（$kg \cdot 头 \cdot d^{-1}$）	尿液产生量/（$L \cdot 头 \cdot d^{-1}$）	粪尿氮排泄量/（$g \cdot 头 \cdot d^{-1}$）	粪尿磷排泄量/（$g \cdot 头 \cdot d^{-1}$）	数据来源
山羊	0.7	0.41	12.15	2.97	ASABE标准
绵羊	0.67	0.41	11.34	2.35	

2. 羊粪污损失量

粪污养分在收集、处理和贮存过程中受氨气溢出、水土流失等方面因素影响，氮磷均有一定的损失，根据农业部《畜禽粪污土地承载力测算技术指南》，不同清粪方式、不同羊粪污处理方式养分收集和留存率推荐值详见表8－2、表8－3。

表8－2 不同清粪方式粪便养分收集率推荐值

清粪方式	氮收集率/%	磷收集率/%
干清粪	87.9	95.0
水冲清粪	87.0	95.0
垫料	84.5	95.0

表 8-3　不同处理方式下养分留存率推荐值

类别	粪污处理方式	氮留存率/%	磷留存率/%
粪便	厌氧发酵	95.0	75.0
	固体贮存	63.5	79.9
	堆肥	68.6	76.4
污水	氧化塘	75.0	75.0
	沼液贮存	75.0	89.9
	厌氧发酵	95.0	75.0

3. 作物养分需求

作物养分需求与品种、生长期、肥料、气候等诸多因素有关。不同作物不同植物单位产量（单位面积）适宜氮（磷）养分需求量可以通过测土配方实验，分析该区域的土壤养分和田间试验获得，也根据农业部《畜禽粪污土地承载力测算技术指南》和相关文献、著作、标准，参照表 8-4、表 8-5 进行估算。

表 8-4　不同作物形成 100 kg 产量需要吸收养分量推荐值

作物种类		产量水平/$t \cdot hm^{-2}$	氮/kg	磷/kg	数量来源
大田作物	小麦	4.5	3	1	GB/T 25246—2010
	水稻	6	2.2	0.8	GB/T 25246—2010
	玉米	6	2.3	0.3	《理论施量的改进及验证一兼论确定作物氮肥推荐量的方法》
	谷子	4.5	3.8	0.44	《中国主要作物施肥指南》
	大豆	3	7.2	0.748	《中国主要作物施肥指南》
	棉花	2.2	11.7	3.04	《中国主要作物施肥指南》
	马铃薯	20	0.5	0.088	《中国主要作物施肥指南》

（续表8－4）

作物种类		产量水平/t·hm^{-2}	氮/kg	磷/kg	数量来源
蔬菜	黄瓜	75	0.28	0.09	GB/T 25246—2010
	番茄	75	0.33	0.1	GB/T 25246—2010
	青椒	45	0.51	0.107	GB/T 25246—2010
	茄子	67.5	0.34	0.1	GB/T 25246—2010
	大白菜	90	0.15	0.07	GB/T 25246—2010
	萝卜	45	0.28	0.057	《中国主要作物施肥指南》
	大葱	55	0.19	0.036	《中国主要作物施肥指南》
	大蒜	26	0.82	0.146	《中国主要作物施肥指南》
果树	桃	30	0.21	0.033	《中国主要作物施肥指南》
	葡萄	25	0.74	0.512	《中国主要作物施肥指南》
	香蕉	60	0.73	0.216	《中国主要作物施肥指南》
	苹果	30	0.3	0.08	GB/T 25246—2010
	梨	22.5	0.47	0.23	GB/T 25246—2010
	柑橘	22.5	0.6	0.11	GB/T 25246—2010
经济作物	油料	2	7.19	0.887	《中国主要作物施肥指南》
	甘蔗	90	0.18	0.016	《中国不同区域农田养分输入、输出与平衡》
	甜菜	122	0.48	0.062	《中国不同区域农田养分输入、输出与平衡》
	烟叶	1.56	3.85	0.532	《中国不同区域农田养分输入、输出与平衡》
	茶叶	4.3	6.4	0.88	《中国不同区域农田养分输入、输出与平衡》

（续表8－4）

作物种类		产量水平 /$t \cdot hm^{-2}$	氮/kg	磷/kg	数量来源
人工草地	苜蓿	20	0.2	0.2	NY/T 2700—2015
	饲用燕麦	4	2.5	0.8	文献
人工林地	桉树	30m^3 /hm^2/a	3.3kg /m^3	3.3kg /m^3	LY/T 1775—2008
	杨树	20m^3 /hm^2/a	2.5kg /m^3	2.5kg /m^3	LY/T 1895—2008

表8－5　不同土壤肥力下施肥供给养分占比推荐值

土壤地力分级		Ⅰ	Ⅱ	Ⅲ
施肥供给占比		35%	45%	55%
土壤全氮含量 /（$g \cdot kg^{-1}$）	旱地（大田作物）	>1.0	0.8~1.0	<0.8
	水田	>1.2	1.0~1.2	<1.0
	菜地	>1.2	1.0~1.2	<1.0
	果园	>1.0	0.8~1.0	<0.8

（二）测算方法

1．粪污土地承载力测算方法

$$粪污土地承载力=\frac{区域植物粪肥养分需求量}{单位羊当量粪肥养分供给量（以标准羊计）}$$

（1）区域植物养分需求量

根据区域内各类植物（包括作物、人工牧草、人工林地等）的氮（磷）养分需求量测算，可参照表8－4确定。计算方法如下：

区域植物养分需求量＝Σ［每种植物总产量（总面积）×

单位产量（单位面积）养分需求]

（2）区域植物粪肥养分需求量

根据不同土壤肥力下，区域内植物氮（磷）总养分需求量中需要施肥的比例、粪肥占施肥比例和粪肥当季利用效率测算，氮（磷）施肥供给养分占比根据土壤氮（磷）养分确定，土壤不同氮磷养分水平下的施肥占比推荐值见表8－5。不同区域的粪肥占施肥比例根据当地实际情况确定；粪肥中氮素当季利用率取值范围推荐值为25%～30%，磷素当季利用率取值范围推荐值为30%～35%，具体根据当地实际情况确定。计算方法如下：

$$\text{植物粪肥养分需求量}=\frac{\text{植物养分需求量}\times\text{施肥供给养分占比}\times\text{粪肥占施粪肥当季利用率}}{\text{粪肥当季利用率}}$$

（3）单位羊当量粪肥养分供给量

综合考虑畜禽粪污养分在收集、处理和贮存过程中的损失，单位羊当量氮养分供给量为2.73 kg，磷养分供给量为0.71 kg。

2. 舍饲养殖场（户）配套土地面积测算方法

$$\text{舍饲养殖场（户）配套土地}=\frac{\text{舍饲养殖场（户）粪肥养分供给量（对外销售部分不计算在内）}}{\text{单位土地粪肥养分需求量}}$$

（1）舍饲养殖场（户）粪肥养分供给量

根据舍饲养殖场（户）饲养羊存栏量、氮（磷）排泄量、养分留存率测算，可以根据实际测定数据获得，也可使用推荐数据（见表8－1、表8－3），饲养周期按365 d计算。计算方法如下：

粪肥养分供给量 = 羊存栏量 × 每头羊日氮（磷）排泄量 × 饲养周期 × 养分留存率

（2）单位土地粪肥养分需求量

根据不同土壤肥力下，单位土地养分需求量、施肥比例、粪肥占施肥比例和粪肥当季利用效率测算。计算方法如下：

单位土地养分需求量为舍饲养殖场（户）单位面积配套土地种植的各类植物在目标产量下的氮（磷）养分需求量之和，各类作物的目标产品可以根据当地平均产量确定，具体参照区域植物养分需求量计算。施肥比例根据土壤中氮（磷）养分确定，土壤不同氮磷养分水平下的施肥比例推荐值见表 8－5。粪肥占施肥比例根据当地实际情况确定。粪肥中氮素当季利用率推荐值为 25%～30%，磷素当季利用率推荐值为 30%～35%，具体根据当地实际情况确定。

3．土地容量承载状态

$$区域土地容量承载状态 = \frac{区域实际养殖量}{区域计算养殖量}$$

（三）粪污处理土地承载力推荐值

根据以上测算步骤和方法，基于土壤肥力 II 级、粪肥替代比例 50%、N 当季利用率 25%、P 当季利用率 30% 的条件下，著者估算了羊废弃物管理“粪肥就地利用”和“固体粪便堆肥外供 + 肥水就地利用”两种模式下的土地承载力推荐值，供广大养羊场（户）参考使用。

1．当季作物在不同管理方式下的土地承载力

（1）基于氮平衡

以氮需要量为基础，估算山羊和绵羊在两种不同模式下当季作物每亩可承载羊的头数，详见表 8－6。

表 8-6 不同作物在典型粪污管理方式下的承载力推荐值（氮平衡）

单位：头/亩

畜种		山羊		绵羊	
作物种类		粪肥就地利用	固体粪便堆肥外供＋肥水就地利用	粪肥就地利用	固体粪便堆肥外供＋肥水就地利用
大田作物	小麦	2.9	5.7	3.9	7.7
	水稻	2.8	5.6	3.8	7.5
	玉米	2.9	5.9	3.9	7.9
	谷子	3.6	7.3	4.9	9.8
	大豆	4.6	9.2	6.2	12.4
	棉花	5.5	10.9	7.4	14.7
	马铃薯	2.1	4.2	2.9	5.7
蔬菜	黄瓜	4.5	8.9	6.0	12.0
	番茄	5.3	10.5	7.1	14.2
	青椒	4.9	9.7	6.6	13.1
	茄子	4.9	9.7	6.6	13.1
	大白菜	2.9	5.7	3.9	7.7
	萝卜	2.7	5.4	3.6	7.2
	大葱	2.2	4.4	3.0	6.0
	大蒜	4.5	9.1	6.1	12.2

注：1 亩≈666.67 m^2。

（续表 8 -6）

畜种		山羊		绵羊	
作物种类		粪肥就地利用	固体粪便堆肥外供 + 肥水就地利用	粪肥就地利用	固体粪便堆肥外供 + 肥水就地利用
果树	桃	1.3	2.7	1.8	3.6
	葡萄	3.9	7.9	5.3	10.6
	香蕉	9.3	18.6	12.5	25.0
	苹果	1.9	3.8	2.6	5.1
	梨	2.2	4.5	3.0	6.0
	柑橘	2.9	5.7	3.9	7.7
经济作物	油料	3.1	6.1	4.1	8.2
	甘蔗	3.4	6.9	4.6	9.3
	甜菜	12.4	24.9	16.7	33.5
	烟叶	1.3	2.6	1.7	3.4
	茶叶	5.8	11.7	7.9	15.7
人工草地	苜蓿	0.8	1.7	1.1	2.3
	饲用燕麦	2.1	4.2	2.9	5.7
人工林地	桉树	2.1	4.2	2.9	5.7
	杨树	1.1	2.1	1.4	2.9

（2）基于磷平衡

以磷需要量为基础，估算山羊和绵羊在两种不同模式下当季作物每亩可承载羊的头数，详见表 8 -7。

表 8-7　不同作物在典型粪污管理方式下的承载力推荐值（磷平衡）

单位：头/亩

畜种		山羊		绵羊	
作物种类		粪肥就地利用	固体粪便堆肥外供+肥水就地利用	粪肥就地利用	固体粪便堆肥外供+肥水就地利用
大田作物	小麦	4.5	11.2	6.0	15.1
	水稻	4.8	11.9	6.4	16.1
	玉米	1.8	4.5	2.4	6.0
	谷子	2.0	4.9	2.7	6.6
	大豆	2.2	5.6	3.0	7.5
	棉花	6.7	16.6	9.0	22.4
	马铃薯	1.8	4.4	2.4	5.9
蔬菜	黄瓜	6.7	16.8	9.0	22.6
	番茄	7.5	18.7	10.0	25.1
	青椒	4.8	12.0	6.5	16.1
	茄子	6.7	16.8	9.0	22.6
	大白菜	6.3	15.7	8.4	21.1
	萝卜	2.6	6.4	3.4	8.6
	大葱	2.0	4.9	2.7	6.6
	大蒜	3.8	9.4	5.1	12.7

（续表8－7）

畜种		山羊		绵羊	
作物种类		粪肥就地利用	固体粪便堆肥外供＋肥水就地利用	粪肥就地利用	固体粪便堆肥外供＋肥水就地利用
果树	桃	1.0	2.5	1.3	3.3
	葡萄	12.7	31.8	17.1	42.9
	香蕉	12.9	32.2	17.4	43.4
	苹果	2.4	6.0	3.2	8.0
	梨	5.2	12.9	6.9	17.3
	柑橘	2.5	6.2	3.3	8.3
经济作物	油料	1.8	4.4	2.4	5.9
	甘蔗	1.4	3.6	1.9	4.8
	甜菜	7.5	18.8	10.1	25.3
	烟叶	0.8	2.1	1.1	2.8
	茶叶	3.8	9.4	5.1	12.7
人工草地	苜蓿	4.0	10.0	5.4	13.4
	饲用燕麦	3.2	8.0	4.3	10.7
人工林地	桉树	10.0	24.9	13.4	33.5
	杨树	5.0	12.4	6.7	16.7

（3）综合评估

按照最低承载量得到当季作物在不同管理方式下的土地承载力推荐值，其中大田作物玉米、谷子、大豆、马铃薯，蔬菜大葱、大蒜，果树桃、柑橘，经济作物油料、甘蔗、甜菜、烟叶、茶叶以磷为基础，其余植物以氮为基础，详见表8－8。

表 8-8 不同作物在典型粪污管理方式下的承载力推荐值（综合）

单位：头/亩

畜种		山羊		绵羊	
作物种类		粪肥就地利用	固体粪便堆肥外供 + 肥水就地利用	粪肥就地利用	固体粪便堆肥外供 + 肥水就地利用
大田作物	小麦	2.9	5.7	3.9	7.7
	水稻	2.8	5.6	3.8	7.5
	玉米	2.9	5.9	3.9	7.9
	谷子	3.6	7.3	4.9	9.8
	大豆	4.6	9.2	6.2	12.4
	棉花	5.5	10.9	7.4	14.7
	马铃薯	1.8	4.2	2.4	5.7
蔬菜	黄瓜	4.5	8.9	6.0	12.0
	番茄	5.3	10.5	7.1	14.2
	青椒	4.9	9.7	6.6	13.1
	茄子	4.9	9.7	6.6	13.1
	大白菜	2.9	5.7	3.9	7.7
	萝卜	2.7	5.4	3.6	7.2
	大葱	2.0	4.4	2.7	6.0
	大蒜	3.8	9.1	5.1	12.2

（续表8－8）

畜种		山羊		绵羊	
作物种类		粪肥就地利用	固体粪便堆肥外供＋肥水就地利用	粪肥就地利用	固体粪便堆肥外供＋肥水就地利用
果树	桃	1.0	2.5	1.3	3.3
	葡萄	3.9	7.9	5.3	10.6
	香蕉	9.3	18.6	12.5	25.0
	苹果	1.9	3.8	2.6	5.1
	梨	2.2	4.5	3.0	6.0
	柑橘	2.5	5.7	3.3	7.7
经济作物	油料	1.8	4.4	2.4	5.9
	甘蔗	1.4	3.6	1.9	4.8
	甜菜	7.5	18.8	10.1	25.3
	烟叶	0.8	2.1	1.1	2.8
	茶叶	3.8	9.4	5.1	12.7
人工草地	苜蓿	0.8	1.7	1.1	2.3
	饲用燕麦	2.1	4.2	2.9	5.7
人工林地	桉树	2.1	4.2	2.9	5.7
	杨树	1.1	2.1	1.4	2.9

2. 典型种植制度下养殖土地承载力推荐值

基于以上数据和方法，结合编者社会实践和典型种植制度，整理了一套肉羊养殖构建种养结合循环农业的技术推荐参数，详见表8－9。

表 8－9　不同典型种植模式下土地承载力推荐值

单位：头/亩

种植模式	山羊		绵羊	
	粪肥就地利用	固体粪便堆肥外供+肥水就地利用	粪肥就地利用	固体粪便堆肥外供+肥水就地利用
水稻＋小麦	5.7	11.3	7.6	15.3
水稻＋油菜	4.6	10.0	6.2	13.5
玉米＋小麦＋甘薯	7.6	15.8	10.2	21.3
玉米＋小麦＋豆类	10.4	20.8	14.0	28.0
玉米＋油菜＋甘薯	6.4	14.5	8.7	19.6
玉米＋油菜＋豆类	9.3	19.5	12.5	26.2
蔬菜（茄果类）	4.9	9.7	6.6	13.1
蔬菜（叶菜类）	11.5	22.9	15.4	30.9
苜蓿＋饲用油菜	4.3	9.5	5.8	12.8
燕麦＋饲用油菜	6.0	12.9	8.1	17.4
玉米＋黑麦草	7.2	14.4	9.7	19.3
水稻＋饲草	4.9	9.9	6.6	13.3
人工林地＋饲草	4.2	8.5	5.7	11.4
果树＋饲草	4.6	10.0	6.2	13.4
冬闲地－季节性种草	2.1	4.2	2.9	5.7

3. 养殖环境效应评价方法

为评判土地容量承载状态，需要进行养殖潜在环境风险评价指标，分为六个风险等级，分别是无风险、低风险、中等风险、较高风险、高风险和极高风险，并采用不同颜色区分风险等级状态，详见表 8－10。

表 8-10　耕地负荷警报值分级及潜在环境风险评价指标

警报值 R	≤0.4	0.4~0.7	0.7~1.0	1.0~1.5	1.5~2.5	≥2.5
分级级数	Ⅰ	Ⅱ	Ⅲ	Ⅳ	Ⅴ	Ⅵ
对环境的威胁性	无	稍有	有	较严重	严重	很严重
潜在环境风险评价	无	低	中等	较高	高	极高
颜色表示						

二、放牧草畜平衡承载能力评估

改革开放以后，放牧牲畜量增加，草原大面积退化沙化，对草原生态平衡提出了巨大挑战。牲畜靠草场维系生命，羊是草食动物，没有草场就没有草原畜牧业，草场的超载过牧、掠夺式利用，给草场带来致命的伤害。对草场来说，适度放牧，使牧草得以更新、牲畜的粪便为草场提供肥料等，有利于保持草场质量，保护草原生态。保持草场质量，就是保持草场牧草的高度、密度、植被覆盖度、植物种类多样性和产草量的稳定性。

草畜平衡是指年度草场面积及其产草量与放养牲畜羊单位数量之间的动态平衡，放养是相对于圈养而言。草畜平衡承载能力评估，区别于土地承载能力评估，主要是草畜平衡是草地生长、动物生产和粪污利用在空间和时间上的高度统一，而土地承载能力评估是将这三者在空间上得到分割。草畜平衡承载能力测算数值较土地能力承载能力测算值更小，使用于天然放牧草地承载能力的测算。实行草畜平衡，通过草场面积和产草量确定放养牲畜羊单位数量，避免草场超载过牧，从而保护草原生态，实现草原资源可持续利用。

（一）测算数据与依据

1. 标准羊单位折算系数

标准羊单位是指 1 只体重 45 kg、日消耗 1.8 kg 标准干草的成年绵羊，或与此相当的其他家畜。成年羊按表 8－11 的标准羊单位折算系数换算，幼畜先按表 8－12 的折算系数换算为同类羊的成年羊，然后按照表 8－11 换算为标准羊单位。

表 8－11　成年羊折算为标准羊单位的折算系数

畜种	体重/kg	羊单位折算系数	代表性品种
绵羊	大型：>50	1.2	中国美利奴羊（军垦型、科尔沁型、吉林型、新疆型）、敖汉细毛羊、山西细毛羊、甘肃细毛羊、鄂尔多斯细毛羊、进口细毛羊和半细羊及 2 代以上的高代杂种、阿勒泰羊、哈萨克羊、大尾寒羊、小尾寒羊、乌珠穆沁羊、塔什库尔干羊
	中型：40～50	1.0	巴音布鲁克羊、藏北草地型藏羊、中国卡拉库尔羊、兰州大尾羊、广灵大尾羊、蒙古羊、高原型藏羊、滩羊、和田羊、青海高原半细毛羊、欧拉羊、同羊、柯尔克孜羊
	小型：<40	0.8	湖羊、雅鲁藏布江型藏羊、西藏半细毛羊、贵德黑羔皮羊、云贵高原小型山地型绵羊
山羊	大型：>40	0.9	关中奶山羊、崂山奶山羊、雅安奶山羊、辽宁绒山羊
	中型：35～40	0.8	川中黑山羊、简州大耳羊、川南黑山羊、内蒙古山羊、新疆山羊、亚东山羊、雷州山羊、龙凌山羊、燕山无角山羊、马头山羊、阿里绒山羊
	小型：<35	0.7	成都麻羊、中卫山羊、济宁山羊、西藏山羊、柴达水山羊、太行山山羊、陕西白山羊、槐山羊、贵州白山羊、福青山羊、子午岭黑山羊、东山羊、阿尔巴斯线山羊、建昌黑山羊、美姑山羊

表 8－12　幼畜折合为同类成年羊的折算系数

幼畜年龄	相当于同类成年羊当量
断奶前羔羊	0.2
断奶～1 岁	0.6
1～1.5 岁	0.8

2. 牧草再生率

牧草再生率是指草地首次达到盛草期最高产草量进行放牧或刈割后，牧草继续生长的地上生物量占首次盛草期地上最高生物量的百分比。牧草受草地气候和类型影响具有不同差异，其牧草再生率详见表 8－13。南亚热带草地牧草再生率，在盛草期首次刈割测产后，于 8 月末和 11 月中旬二次刈割实测确定；热带草地牧草再生率，在盛草期首次刈割测产后，于 8 月上旬、10 月上旬、11 月末三次刈割实测确定。生长期内不利用的草地，再生率为 0%。

表 8－13　不同热量带和不同类型草地牧草再生率

草地类型	牧草再生率/%	草地类型	牧草再生率/%
中亚热带草地	40	温带草原和温带草甸草地	15
北亚热带草地	30	温带荒漠、寒温带草地	5
暖温带次生草地	20	山地亚寒带高寒草地	0

3. 草地合理利用率

草地合理利用率是指为维护草地生态良性循环，在既充分合理利用又不发生草地退化的放牧（或割草）强度下，可供利用的草地牧草产草量占草地牧草年产草量的百分比。采用小区轮牧利用方式的草地，其利用率取表中利用率上限；采用连续自由放牧利用方式的草地，其利用率取表中利用率下限。轻度退化草地的利用率取表中利用率的80%，中度退化草地的利用率取表中利用率的50%，严重退化草地停止利用，实行休割、休牧或禁牧。不同草地类型的草地合理利用率详见表8－14。

表8－14 草地合理利用率

草地类型	暖季放牧利用率/%	春秋季放牧利用率/%	冷季放牧利用率/%	四季放牧利用率/%
低地草甸类	50～55	40～50	60～70	50～55
温性山地草甸类、高寒沼泽化草甸亚类	55～60	40～45	60～70	55～60
高寒草甸类	55～65	40～45	60～70	50～55
温性草甸草原类	50～60	30～40	60～70	50～55
温性草原类、高寒草甸草原类	45～50	45～50	30～35	55～65
温性荒漠草原类、高寒草原类	40～45	25～30	50～60	40～45
高寒荒漠草原类	35～40	25～30	45～55	35～40
沙地草原（包括各种沙地温性草原和沙地高寒草原）	20～30	15～25	20～30	20～30
温性荒漠类和温性草原化荒漠类	30～35	15～20	40～45	30～35
沙地荒漠亚类	15～20	10～15	20～30	15～20
高寒荒漠类	0～5	0	0	0～5
暖性草丛、灌草丛草地	50～60	45～55	60～70	50～60
热性草丛、灌草丛草地	55～65	50～60	65～75	55～65
沼泽类	20～30	15～25	40～45	25～30

4. 标准干草折算

标准干草是指在禾本科牧草为主的温性草原或山地草甸草地，于盛草期收割后含水量为14%的干草。各类型草地牧草的标准干草折算系数见表8－15。

表8－15　草地标准干草折算系数

草地类型	折算系数	草地类型	折算系数
禾草温性草原和山地草甸	1.00	禾草高寒草甸	1.05
暖性草丛、灌草丛草地	0.85	禾草低地草甸	0.95
热性草丛、灌草丛草地	0.80	杂类草草甸和杂类草沼泽	0.80
嵩草高寒草旬	1.00	禾草沼泽	0.85
杂类草高寒草地和荒漠草地	0.90	改良草地	1.05
禾草高寒草原	0.95	人工草地	1.20

5. 单位面积草产量

单位面积草产量因地区、气候、海拔等因素影响，差异较大，且草地产草量有明显的年际波动现象。草地生态系统产草量函数的重要性和气候变化的影响，特别是在冬季降低放牧压力，对于草地生态系统恢复和可持续利用至关重要，这就需要对草地产草量和承载能力通过模型进行准确计算。近年来，许多研究针对不同草地类型建立预测模型进行估算牧草产量，也有研究对其生态功能指标如生物量进行估算预测。卫星遥感技术可为大面积草地提供替代数据来源，从而预测牧草地上生物量（above－ground biomass，AGB）、地下生物量（below－ground biomass，BGB）、净初级生产量（net primary production，

NPP)、地上净初级生产量(above ground NPP,ANPP)。

北方地区草地可以在盛草期产草量达到最高峰时,一次性测定草地地上部生物量,同步使用遥感数据估测草地产草量。南方草地、枯草期草地、低覆盖度草地,使用不同草地类型地上生物量结合草原面积计算。南亚热带和热带草地地上生物量的测定,按表8-14规定的测定次数和时间测定,加上草原再生产生的草。

编者查阅相关文献,结合区域实际情况,整理一套不同地区、不同草地类型单位面积产草量推荐值。不同草地类型产草量详见表8-16,全国标准草地产量推荐值见表8-17,四川省各地区天然草原产量推荐值见表8-18。

表8-16　不同草地类型产草量

草地名称	产鲜草量/(kg·hm^{-2})	经济类群构成/%					
		杂草类	禾本科	豆科	莎草科	菊科	蓼科
高山草甸草地	5 166.75	29.2	1.0	29.0	8.4	4.2	28.2
亚高山草甸草地	6 126.00	36.4	1.1	10.8	10.3	9.0	32.4
高寒灌丛草地	3 712.50	24.9	0.9	1.7	5.3	3.9	63.3
亚高山疏林草地	2 469.75	22.0	0.5	3.4	10.9	18.2	44.9
山地疏林草地	5 107.5	40.8	5.9	4.5	8.7	1.8	38.3
山地灌木草地	5 949.00	37.5	4.5	3.0	7.0	1.1	46.8
山地草丛草地	7 469.25	61.3	7.0	3.2	5.7	1.4	17.4
山地草甸草地	7 366.50	42.7	4.5	2.2	14.3	2.8	33.5
干旱河谷灌丛草地	12 826.50	65.5	3.6	3.0	5.7	0.3	21.9
山地稀树草丛草地	6 888.00	65.4	4.2	7.5	9.5	—	13.3

表 8-17 全国天然草原产量推荐值

地区	鲜草产量 / (kg · hm⁻²)	可食鲜草 / (kg · hm⁻²)	折合标准干草 / (kg · hm⁻²)
青海	2 518. 69	2 203. 27	881. 31
云南	11 792. 44	10 282. 35	4 112. 94
内蒙古	3 262. 50	2 610. 00	913. 50
黑龙江	6 038. 65	4 830. 92	1 932. 37
四川	6 088. 36	4 870. 69	1 948. 27

表 8-18 四川省各地区天然草原产量推荐值

地区	鲜草产量 / (kg · hm⁻²)	可食鲜草 / (kg · hm⁻²)	折合标准干草 / (kg · hm⁻²)
甘孜州	4 886. 30	3 909. 04	1 563. 61
阿坝州	6 097. 22	4 877. 77	1 951. 11
凉山州	6 927. 20	5 541. 76	2 216. 70
其余市	8 450. 70	6 760. 56	2 704. 23

（二）测算方法

1. 单位面积可利用标准干草量

单位面积可利用标准干草量（kg/hm^2）=

$$\frac{\text{草地可合理利用干草量} \times \text{草地合理利用率} \times \text{草地标准干草折算系数}}{\text{草地面积}}$$

2. 草地合理载畜量

(1) 不同利用时期草地合理载畜量

单位面积草地合理载畜量 =

$$\frac{\text{单位面积可利用标准干草量}}{1.8 \times \text{不同利用时期天数（放牧天数）}}$$

(2) 区域草地全年总合理载畜量

在一定区域、特别是较大区域内，草地类型、利用方式复杂多样，不同地块草地利用时段和利用天数不同，各地块间的合理载畜量不能进行简单相加计算，需要统一到相同放牧时间进行加权计算。

计算全年草地总合理载畜量，对各种草地利用期的取值如下：

无割草地、放牧草地按冷、暖两种季节转场放牧的草地区域，其冷季和暖季放牧期之和必须为365 d；无割草地、放牧草地按冷季、暖季、春秋季三种季节转场放牧的草地区域，其冷季、暖季、春秋季三种季节放牧期之和必须为365 d；季节放牧草地和割草地的区域，其区域内各季节放牧草地的放牧天数与区域内割草地牧草可投饲的天数之和必须为365 d。

区域草地全年总合理载畜量 =

$$\frac{\text{暖季放牧草地合理载畜量} \times \text{放牧天数}}{365} + \frac{\text{春秋季放牧草地合理载畜量} \times \text{放牧天数}}{365} + \frac{\text{冷季放牧草地合理载畜量} \times \text{放牧天数}}{365} + \frac{\text{割草地刈割牧草饲喂牲畜数量} \times \text{饲喂天数}}{365} + \text{四季放牧利用草地合理载畜量}$$

(三) 草畜平衡承载推荐值

根据以上测算步骤和方法，基于可食用草比例80%、草地合理利用率55%、满足肉羊健康生长所需草料采食量1.8 kg/d的条件下，著者估算了不同地区不同草地类型肉羊四季放牧和冬春补饲（放牧 215 d，补饲 150 d）两种模式下的草地承载力推荐值见表 8－19、表 8－20、表 8－21、表 8－22。

表 8－19　四季放牧模式下草地合理载畜量（不同草地类型）

草地名称	可利用标准干草量 /（kg·hm^{-2}）	草地合理载畜量 标准羊单位/hm^2	100 头羊所需 草地/亩
高山草甸草地	601.77	0.9	1 637.66
亚高山草甸草地	792.78	1.2	1 243.10
高寒灌丛草地	419.29	0.6	2 350.38
亚高山疏林草地	319.61	0.5	3 083.40
山地疏林草地	594.87	0.9	1 656.65
山地灌木草地	713.88	1.1	1 380.48
山地草丛草地	869.95	1.3	1 132.83
山地草甸草地	953.31	1.5	1 033.76
干旱河谷灌丛草地	2 059.79	3.1	478.45
山地稀树草丛草地	802.25	1.2	1 228.42

表 8－20　放牧＋补饲模式下草地合理载畜量（不同草地类型）

草地名称	可利用标准干草量 /（kg·hm^{-2}）	草地合理载畜量 标准羊单位/hm^2	100 头羊所需 草地/亩
高山草甸草地	656.48	1.7	884.26
亚高山草甸草地	864.85	2.2	671.22
高寒灌丛草地	419.29	1.1	1 384.47
亚高山疏林草地	348.67	0.9	1 664.90
山地疏林草地	648.95	1.7	894.52

（续表8－20）

草地名称	可利用标准干草量/（kg·hm^{-2}）	草地合理载畜量标准羊单位/hm^2	100头羊所需草地/亩
山地灌木草地	713.88	1.8	813.16
山地草丛草地	949.03	2.5	611.67
山地草甸草地	1 039.98	2.7	558.19
干旱河谷灌丛草地	1 901.34	4.9	305.31
山地稀树草丛草地	875.18	2.3	663.29

表8－21　四季放牧模式下草地合理载畜量（不同地区）

地区	可利用标准干草量/（kg·hm^{-2}）	草地合理载畜量标准羊单位/hm^2	100头羊所需草地/亩
青海	484.72	0.7	2 033.14
云南	2 262.12	3.4	435.65
内蒙古	502.43	0.8	1 961.49
黑龙江	1 062.80	1.6	927.27
四川	1 071.55	1.6	919.69
甘孜州	719.26	1.1	1 370.15
阿坝州	1 014.58	1.5	971.34
凉山州	1 352.19	2.1	728.82
四川其余市	1 730.70	2.6	569.42

表 8－22　放牧＋补饲模式下草地合理载畜量（不同地区）

地区	可利用标准干草量/（$kg \cdot hm^{-2}$）	草地合理载畜量标准羊单位/hm^2	100 头羊所需草地/亩
青海	484.72	1.3	1 197.60
云南	2 262.12	5.8	256.62
内蒙古	502.43	1.3	1 155.40
黑龙江	1 062.80	2.7	546.20
四川	1 071.55	2.8	541.74
四川甘孜州	719.26	1.9	807.08
四川阿坝州	1 014.58	2.6	572.16
四川凉山州	1 352.19	3.5	429.30
四川其余市	1 730.70	4.5	335.41

第三节　种养结合循环农业构建

一、原理

目前，种养结合循环农业已成为现代农业发展的重要路径之一。但由于我国自然条件、生物因素、社会经济差异很大，种养结合循环模式具体结构、功能和做法绝不会是一个模式，因此，应总结各地经验，根据设计原理，结合当地生态条件和经济条件，建造形式多样、实操性强的种养结合循环模式。

（一）互作共生

自然界中没有任何一种生物种群能离开其他生物而独立生存繁衍，生物与生物之间往往存在着复杂的相互关系。生物间的关系一般分抗生与共生两大类。在农业生产过程中，过去多集中注意了生物种群间的抗生关系，而忽略了种群间的共生关系。互作共生指通过搭配两个及两个以上生物种群，生活在一起，充分发挥种群间的互利共生关系，各方均得益处，从而形成和谐高效的人工生态系统。生态循环养殖设计与建设过程中，如何巧妙地搭配组成种群，最大限度地发挥组成种群间共生互补关系，最大限度减弱和克服抗生作物，从而组成和谐、高效的人工生态系统、是建造种养结合循环农业的关键。

（二）生态效应

在种养结合循环农业设计中，根据生态原理，可以将不同种群合理搭配，使生态效能得到充分发挥。通常利用生物种群的生态位或生态元。不同梯度可以各种生物所占据、适应、利用的部分称为生物的生态位，对某一种生物种群来说生态位是一个超体积和超空间的向量集。生态元概念是对生态位的拓展，指复合生态系统中进行生态学过程的功能单元。因此又衍生了生态元的生态位，指在生态因子变化范围内能够被生态元占据、利用或适应的部分。生态元既可以是细胞、器官、个体、种群、物种、生物群落等各个生物组织层次，也可以是农户、养殖场、加工厂等其他功能单元。

在种养结合农业设计中，根据生态原理，可以合理搭配不同种群，充分发挥生态效能。常见途径有：引入新的生态元，如“稻—鱼—鸭”等结构；去除有害生态元，如林下种植饲草除杂草；替代低效生态元，如以高产优质畜禽品种取代生产性能较低品种。这种“复合群体”使农业生态系统资源利用更充分，生物量产出增加，抗风险能力提高。

但是在整个模式链条中，生态位经常发生重叠。如草食家畜主要以饲草和农作物秸秆为饲料，同时补充适量精饲料；猪是杂食动物，可以利用一定量的粗饲料，草食家畜与猪的生态位具有一定重叠性，同时也与其他动物的生态位有较高的重叠度。因此，合理利用替代性，可以有效地提高饲料资源利用率和动物生产力，增强生态系统的稳定性

（三）节律配合

不同区域和类型的生态系统中光照、温度、湿度等自然环境因素周期性变化和波动称为环境节律。就农业生产来说，其投入物质和能量存在着波动变化规律，是农业的环境节律。此外，每一种生物生长、发育以及对自然资源的需求是不一样的，这种波动变化称为生物的机能节律，不同生物种群的机能节律具有自身的特殊性。

生物机能节律与自然资源变化节律相和谐，是生物生产量提高的关键。自然生态系统是通过漫长的自然选择而形成的，生物种群机能与环境节律配合是合理而稳定的。而人工控制下的生态系统形成时间则较短，加之需要人工干预，往往使这两种节律配合得不尽合理，限制了生产力的发挥。要想提高生产功能和效率，就必须应用节律配合的原理，在安排生物种群上，使生物对资源需求与环境资源的供应相协调。

在我国北方草原地区，夏季牧草生产生物量较高，温热环境适宜，具有明显的环境节律。而北方草原地区的绵羊具有明显的季节性繁殖特点，秋冬季发情配种春季产羔，羔羊出生后前6个生产效益较优。因此，要组织季节性养羊生产，密切配合其生物机能节律与环境节律，从而提高肉羊繁育与生产效率。

（四）物种多样性

生态系统中的顶极群落，是最稳定而高效的。其主要原因

是组成生物种类繁多而均衡，食物链纵横交织，系统中任意一种偶然增加或减少，其他种群就可以及时抑制或代偿，从而保证系统具有很强的自组织能力。以单纯追求某一种产品产量为目标，以高度受控的工业系统经营方式建造的种养结合人工生态系统，生物种群单一，受自然或人工因素影响强烈，自我调控能力较弱，很大程度上依赖于人工投入来维持稳定机制，这势必造成能耗加大，成本提高，环境质量恶化。因此，需要根据物种多样性原理，尽量建造成稳定性较强的复合群体。比如，生态养羊就是以饲料、草料、能源的多层次利用为纽带，以养羊为中心的多物种有机结合的不同循环类型的生态系统。

（五）种群置换

自然生态系统的生物种群几乎都是自然选择结果，而人工生态系统的主要种群则是长期人工选择下形成的人工种群。前者是繁衍，后者则是有利于给人类提供所需产品。建立生态循环系统应最大限度地利用经济、社会、生态效益均比较高的生物种群并通过人工调控其结构的方法减少耗损。例如，在一些人工生态系统中，以饲用玉米、豆科作物、高产牧草代替天然草原，以人工栽培的食用菌取代自然界的真菌类，以人工培育畜禽品种置换野生畜禽等。特别要注意的是：在系统中引入新的生物种群时，也要避免“外来物种入侵”的弊端。

（六）景观性

在设计时，要按地貌、土壤、植物、动物、水文等要素，将合理的各功能区域建成“团块”“廊道”状分布，各组分间合理配比。在考虑生产上的合理与高效的同时，充分体现景观生活的多样性，发挥各组分之间的相互防护、相互隔离、边界效应等“相生”作用。

二、类型

（一）园区型

园区型是以动植物生产紧密结合并相对独立的生产经营性人工生态系统。系统边界通常指种养殖场、种养殖户，它可以是一个业主建立，也可以由多个业主联合建立，区域位置通常是紧密相连，没有分割，可以整合资源，兼得植物和动物生产双利，风险较低，满足人们对农产品和体验文化的多样化需求，种和养能够得到有效结合，不易脱节，但要注意种植面积需与养殖量相匹配。

（二）区域型

区域型是指以一个村、镇（乡）、县、市、省等大区域覆盖范围建立的种养结合循环农业。该种类型更讲究整个片区区域平衡，通过区内各类植物（包括作物、人工牧草、人工林地等）和各种养殖综合实现种养平衡，包括就地循环、异地循环、肥料加工等多种途径。其更讲究整体性，环节因素较多，种养分离风险较高，需要做好种养结合顶端设计避免风险。

（三）草地型

草地型是指以草原畜牧业为主的种养结合循环农业，是人类建立最早的半人工畜牧生态系统，可以分为游牧型、定居放牧型、草地农场型。此外，林地也可与草地共存，建立立体复合草地生态系统。该种类型需要做好草畜平衡管理，保持适当比例的草地和适宜数量的畜禽。

三、模式

基于种养结合的本质要求、技术路径、种养平衡理论依据，根据种养结合循环农业的原理和类型，编者以肉羊养殖为核心，以相应案例为依托，提出了构建形式多样的种养结合循环农业模式，以供读者参考。

（一）二元产业复合模式

1．基本结构与功能

二元结构构成的种养结合循环农业模式主要指种植业、畜牧业、林业等单一产业，通过内部组分、结构和功能的调整而组合成的两两结合经营模式，如“肉羊—牧草”“肉羊—草场”“肉羊—水稻”“肉羊—果树”“肉羊—蔬菜”“肉羊—林业”等（见图8－6）。该种模式主要是通过两个产业间系统功能的耦合来提高单一产业中闲置资源的高效利用，实现单一产业中废弃物的资源化，从而提高系统的整体功能和效益。

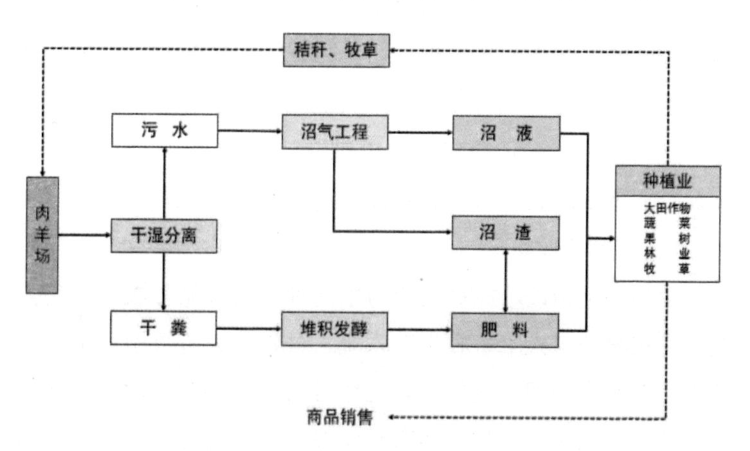

图8－6 “肉羊－种植业”循环农业模式

2．案例1：“肉羊－牧草”循环农业模式

成都某黑山羊产业发展有限责任公司羊场位于金堂县某村，其羊舍采用标准化设计，采用全漏缝地板干清粪工艺。有羊舍6栋、面积10 000m^2，存栏川中黑山羊（金堂型）种羊1 240头，配备了电脑配方、TMR机、自动撒料车、自动清粪等新工艺。羊场有沼气池400 m^3，羊粪堆放场450 m^2，常年流转土地5 000余亩用于种植青贮玉米、黑麦草等（见图8-7、图8-8、图8-9、图8-10、图8-11、图8-12）。该场采用“种草养羊循环模式”（见图8-13），主要采用堆肥发酵和沼气工程技术对粪污进行无害化处理，然后种植牧草，牧草用于羊场饲料。

图8-7　羊场自动除粪装置

图8-8　羊圈杯式节水饮水器

图8-9　羊场沼气池

图8-10　羊场堆粪棚

图 8-11　农户利用发酵羊粪种植牧草

图 8-12　企业流转的羊粪消纳农田

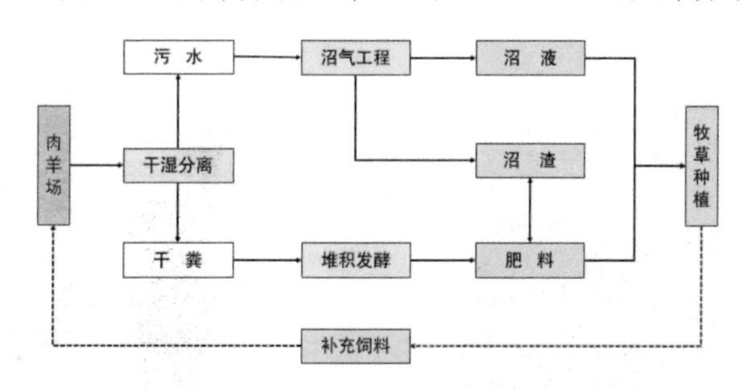

图 8-13　“肉羊-牧草”循环农业模式

3. 案例 2：“肉羊-柑橘”循环农业模式

四川省武胜县某村羊天下家庭农场，晚熟柑橘种植面积约 70 亩，存栏生态黑山羊 100 余只，年出栏 200 余只，构建起了适度规模经营、种养有机结合循环农业模式，见图 8-14、图 8-15、图 8-16。

图 8-14　晚熟柑橘园

图 8-15　武胜家庭农场

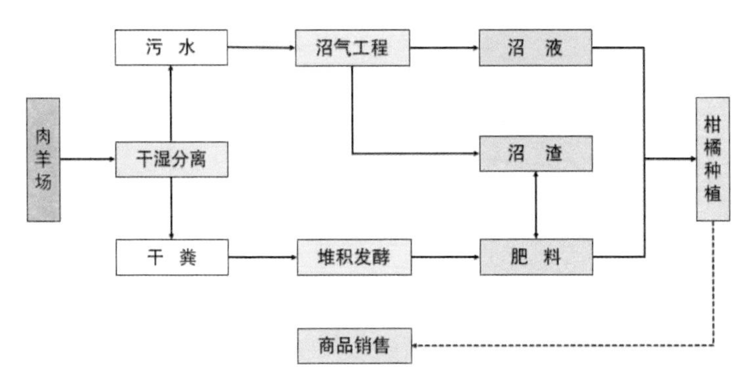

图 8－16 “肉羊—柑橘”循环农业模式

4. 案例3：“肉羊－草莓”循环农业模式

四川省成都市金堂县某黑山羊养殖专业合作社现存栏黑山羊1 000只，采用小型翻抛机槽式堆肥，并将腐熟好的羊粪作为底肥替代50%化肥用于冬草莓种植，可提高冬草莓成熟期和草莓品质，见图8－17、图8－18、图8－19。

图 8－17 草莓园

图 8－18 黑山羊

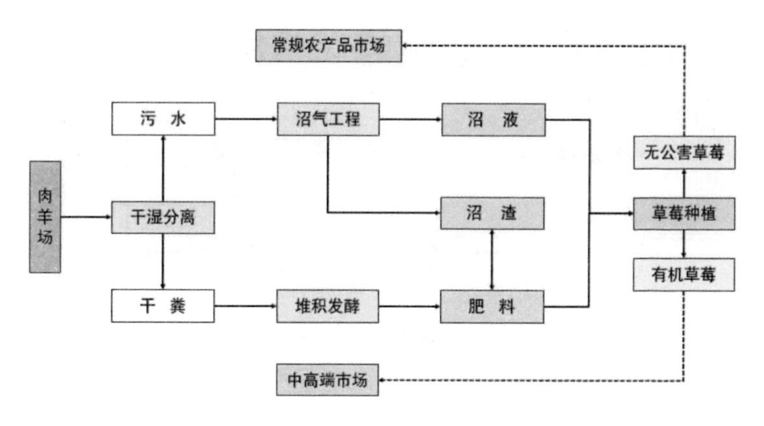

图 8－19 "肉羊－草莓"循环农业模式

（二）多元产业复合模式

1．基本结构与功能

多元产业结构涵盖农、林、牧、副、渔等多个产业，是从自然生态系统继承下来的一个被人工驯化的有机整体。多元产业构成的种养结合循环农业模式是在产业层次上的时空配置与整合，它除了具有更大尺度的生态功能外，还表现出明显的经济功能和社会功能，是实现农业产业化和发展循环经济的重要载体。具体是指将三个或三个以上的产业链接、整合而成一个结构与功能多元化的农业产业生态体系。广义上讲，种养结合农业模式还包括农业与第二产业、第三产业之间的对接与整合的产业生态模式，是实现经济效益、生态效益和社会效益的有效统一（见表 8－23、图 8－20、图 8－21）。

表 8-23　多元产业组成的种养结合循环农业（肉羊）基本类型

类型	基本结构	典型模式
农业内部	农林牧复合型	林果-饲草（粮）-羊
	农牧渔复合型	饲草（粮）-羊-渔
	林牧渔复合型	林果-草-畜禽-渔
	腐生食物链+种养复合型	粮（草）-羊-蚯蚓（蝇蛆）养殖、粮（草）-羊-食用菌
一二三产复合	种养加复合型	林果-饲草（粮）-羊-加工、林果-羊-加工、饲草（粮）-羊-加工
	种养游复合型	复合种养+乡村旅游

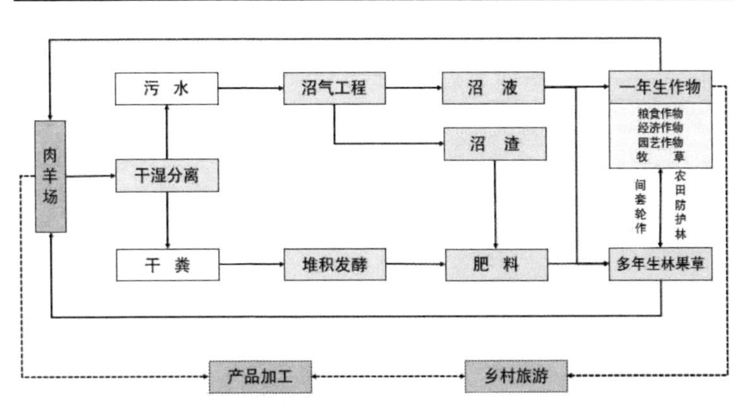

图 8-20　肉羊“农-林-牧”立体复合种养循环农业模式

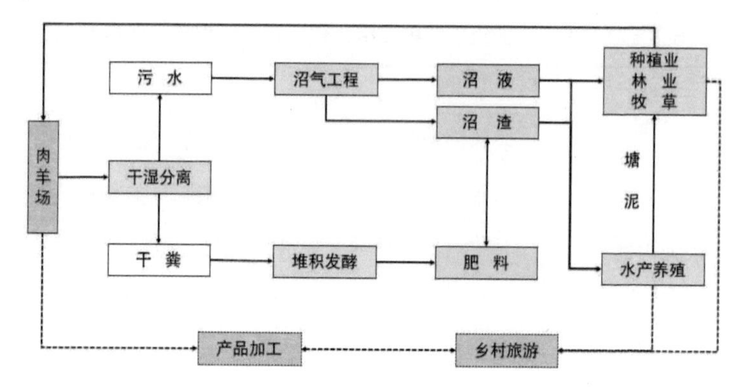

图 8－21　肉羊“农（林）－牧－渔”复合种养循环农业模式

2. 案例 1：“羊－甜樱桃－牧草”立体种养循环农业模式

四川省凉山州越西县某甜樱桃种植基地，现有甜樱桃种植 1 000 亩，湖羊养殖 1 000 只，樱桃林下配套种植光叶紫花苕、黑麦草等牧草，见图 8－22、图 8－23、图 8－24、图 8－25、图 8－26。

图 8－22　甜樱桃种植基地

图 8－23　林下光叶紫花苕

图 8－24　养羊场内部

图 8－25　养殖废弃物选址

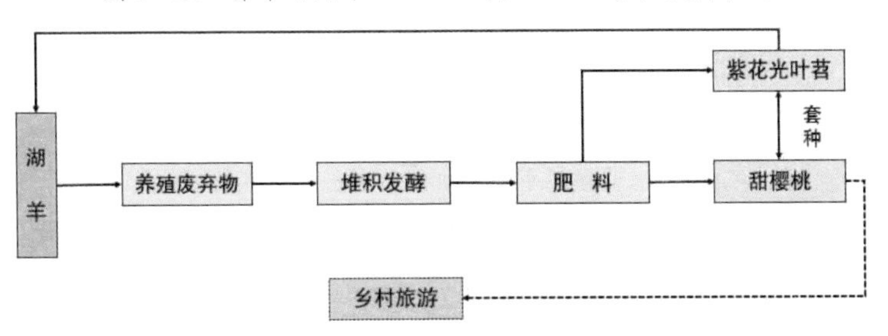

图 8－26　“羊－甜樱桃－牧草”立体种养循环农业模式

3. 案例 2：“粮－中药－蚯蚓－肉羊”循环农业模式

甘肃省西市通渭县部分地区家庭肉羊采用该种养结合生态养殖循环模式，以肉羊养殖为基础，粪污无害化与资源化利用为主线，向蚯蚓养殖辐射，构建种、养互动的有机生态型畜牧业。该模式从粪便高效利用及增收创收的角度，通过养殖业与种植业的相互衔接及作用，构建良性循环农畜生态养殖系统，将高效、循环、收益进行有机统一。养殖户采用此模式，有效增加了单位面积内玉米、黄芪和肉羊产量，蚯蚓按 25 元/kg 计算，全年获利 9 000 元/亩；净收益 4 000 元/亩；肉羊通常按照 500 只/亩的饲养密度，每只羊按照 1 200 元的价格，全年获利约 72 万元，扣除种养、蚯蚓种苗、养殖基料购买、饲养人工费用以及土地租赁等费用后，全年每亩净收益约增加 37 万元

（见图 8－27）。

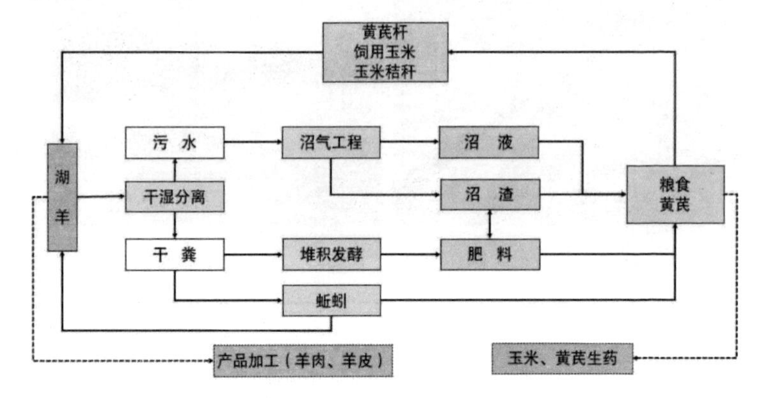

图 8－27 “粮－中药－蚯蚓－肉羊”循环农业模式